人生三碗面

李雪琳 ◎ 著

北方文艺出版社
哈尔滨

图书在版编目（CIP）数据

人生三碗面 / 李雪琳著. -- 哈尔滨：北方文艺出版社，2025. 7. -- ISBN 978-7-5317-6679-7

Ⅰ. B821-49

中国国家版本馆 CIP 数据核字第 2025TK7811 号

人生三碗面
RENSHENG SANWANMIAN

作　　者 / 李雪琳
责任编辑 / 孙竞裔　　　　　　　　策划编辑 / 焦海利
出版统筹 / 罗婷婷　庄本婷　　　　装帧设计 / 天下书装

出版发行 / 北方文艺出版社　　　　邮　编 / 150008
发行电话 / (0451) 86825533　　　 经　销 / 新华书店
地　　址 / 哈尔滨市南岗区宣庆小区 1 号楼　　网　址 / www.bfwy.com
印　　刷 / 三河市天润建兴印务有限公司　　　开　本 / 710mm×1000mm 1/16
字　　数 / 130 千　　　　　　　　印　张 / 10
版　　次 / 2025 年 7 月第 1 版　　印　次 / 2025 年 7 月第 1 次印刷

书　　号 / ISBN 978-7-5317-6679-7　　　定　价 / 49.80 元

序言

三碗面的智慧

在这个纷繁复杂、瞬息万变的世界里，每个人都是自己生命舞台上的主角，同时也是他人剧本中的过客。如何在人生的舞台上优雅地谢幕，又在生活的长河中从容前行，是我们每个人都在不断探索的课题。正是在这样的背景下，《人生三碗面》应运而生，它如同一盏明灯，照亮了我们前行的道路，指引着我们以更加智慧和从容的姿态面对生活的种种挑战。

"人面"，是人生的第一碗面，它关乎我们的形象、气质与人际交往的能力。在这个时代，人们往往第一眼就通过人面来判断一个人。但"人面"绝不仅仅局限于外貌，它更多的是一种由内而外散发出的魅力，是一种经过岁月沉淀后的从容与自信。书中通过丰富的案例和深刻的剖析，教会我们如何在保持真我的同时，不断提升自己的形象管理、沟通技巧和人际交往能力，使我们在人生的舞台上更加闪耀夺目。

"情面"，则是人生的第二碗面，它涉及情感、人际关系与情感智慧。人是社会性动物，情感是我们生活中不可或缺的一部分。无论是亲情、友情还是爱情，都需要我们用心去经营和维护。但在这个快节奏的社会中，人们往往忽略了情感的滋养，导致关系疏远、情感淡漠。本书通过细腻的情感描写和实用的情感管理技巧，帮助我们重新找回那份被遗忘的温暖与感动，教会我们如何在情感的海洋中航行，保持内心的平和与满足。

"场面"，则是人生的第三碗面，它关乎我们的社交场合应对、职场智慧与人生格局。无论是在家庭聚会、朋友宴请还是商务谈判中，场面功夫都显得尤为重要。它不仅仅是一种外在的表现，更是一种内在修养的体现。书中通过生动的场景模拟和深入的案例分析，让我们学会如何在不同的场合中得体地表现自己，如何在复杂的人际关系中游刃有余，从而拓宽我们的人生格局，实现更高层次的人生价值。

《人生三碗面》一书，是对人生智慧的一次深刻挖掘与总结。它不仅仅是一本关于人际交往的指南，更是一本关于自我成长与实现价值的哲学思考。通过阅读这本书，你将学会如何在复杂多变的人际环境中，保持清醒与自省，不断提升自我；你将懂得如何珍惜与维护每一份情感，让爱与温暖成为生命中最宝贵的财富；你将掌握在不同场合下展现最佳自我的艺术，让每一次亮相都成为人生舞台上的精彩瞬间。

人生如戏，全靠演技，但这里的"演技"并非虚伪与伪装，而是真诚、智慧与勇气的结合。三碗面的智慧，教会我们如何在人生的舞台上，以最真实的自我，演绎出最精彩的人生剧本。愿每一位读者，都能从中汲取力量，勇敢地面对生活的挑战，拥抱每一个可能的未来。因为，最终塑造我们人生的，不是外在的环境，而是我们内心的选择与坚持。让我们携手并进，在这趟人生的旅途中，共同书写属于自己的辉煌篇章。

目录

01 第一章
人面：决定事业成败

- 1. 人面越足，人脉越广 / 02
- 2. 人脉越广，情报越多 / 05
- 3. 卓越人面帮你打造优秀人脉圈 / 10
- 4. 以诚交友，学会倾听 / 13

02 第二章
人面进阶：深谙人心

- 1. 真诚地回应和倾听 / 18
- 2. 用心记住他人的名字 / 21
- 3. 设身处地为他人着想 / 26
- 4. 得体的举止有助沟通 / 30

03 第三章
情面：助你拥有广阔人脉圈

- 1. 擅长交友者，交友必慎 / 34
- 2. 交友必交诤友 / 38
- 3. 人脉虽广，情面不可轻欠 / 41

04 第四章
情面进阶：学会整合人脉

- 1. 用你的诚信去打动他人 / 50
- 2. 多一些用心才能多一些回报 / 52
- 3. 解决他人所需，才能满足自己所想 / 55
- 4. 处世方式要圆通 / 59

05 第五章
情面深化：善于运用微笑的力量

- 1. 没人会拒绝一个爱笑的人 / 64
- 2. 微笑能让你获得成功 / 67
- 3. 建立人际关系的一条捷径是赞美 / 70
- 4. 尊重他人，学会用心去倾听 / 75

06 第六章
场面：轻松应对不同的人

- 1. 搬弄是非之人要远离 / 80
- 2. 对性情急躁之人要冷静 / 82
- 3. 心胸狭窄之人可忍但不可迁就 / 84
- 4. 孤僻之人要耐心引导 / 87

07 第七章
场面升级：驾驭社交风云

- 1. 再好的朋友也要处之有度 / 92
- 2. 好假话也是一种技能 / 96
- 3. 别与小人去纠缠 / 99
- 4. 别让坏习惯误了你的人脉资源 / 103
- 5. 聒噪不如沉默，息谤止于无言 / 106

08 第八章
人面、情面交融：和谐共处

- 1. 交友不疑，疑友不交 / 110
- 2. 可自信，但不能自负 / 114
- 3 失面子是小，失人脉是大 / 117
- 4. 以诚待人，才能被诚待之 / 120

09 第九章
人面、场面互动：游刃有余

◆ 1. 学会放下身段 / 124
◆ 2. 看人办事，事更顺 / 128
◆ 3. 设法影响别人的决定 / 131
◆ 4. 言外之意更要读懂 / 134

10 第十章
面面俱到，成就非凡

◆ 1. 你的善举是你人脉的根基 / 138
◆ 2. 亲属之间，往来于情 / 142
◆ 3. 同窗是很珍贵的人脉资源 / 146
◆ 4. 人气即财气，和气即财气 / 149

第一章
人面：决定事业成败

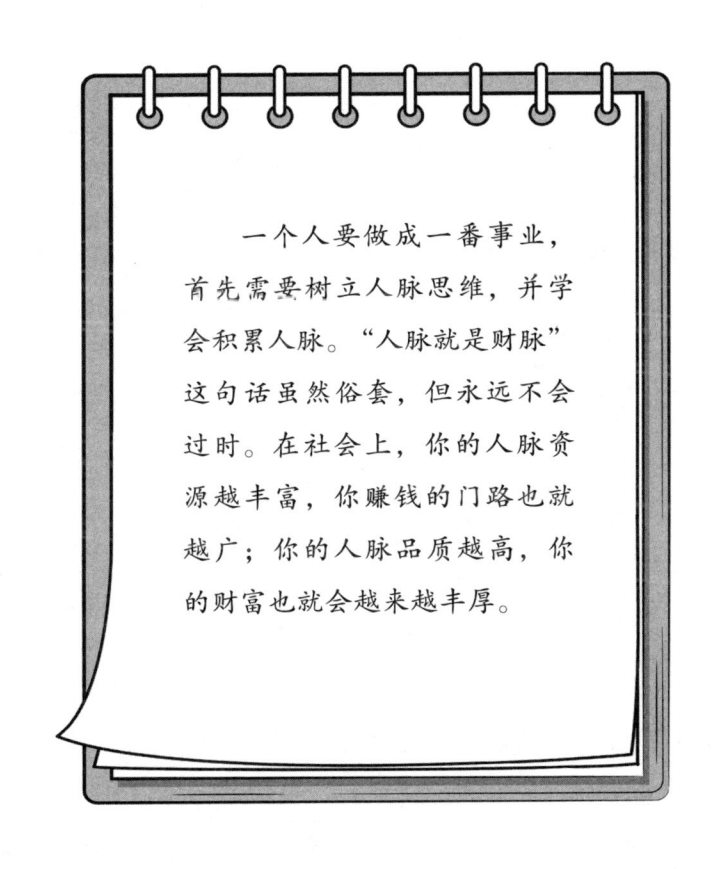

　　一个人要做成一番事业，首先需要树立人脉思维，并学会积累人脉。"人脉就是财脉"这句话虽然俗套，但永远不会过时。在社会上，你的人脉资源越丰富，你赚钱的门路也就越广；你的人脉品质越高，你的财富也就会越来越丰厚。

1. 人面越足，人脉越广

　　人类自古以来就是群居动物，一个人如果想获得成功，或已经获得成功，二者都离不开他所处的人群和所在的社会。

　　曾任美国总统的西奥多·罗斯福也说过："成功的第一要素就是懂得如何搞好人际关系。"在美国，曾经有人向2000多名雇主做过这样一个问卷调查："请查阅一下贵公司最近被解雇的三名职员的资料，接下来再回答：是什么理由使他们遭到解雇的。"调查结果显示，不管是什么地区、什么行业的雇主，大多数人的答复都是："解雇他们的原因是他们不会与别人相处。"

当今许多成功的商界人士都深切地意识到了人脉资源对自己事业的成功是非常重要、不可或缺的。曾任美国某大铁路公司总裁的A.H.史密斯说:"铁路的95%是人,5%是铁。"成功学大师戴尔·卡耐基通过长时间的研究最终得出结论:"一个人是否成功,他的专业知识所起的作用只占15%,而余下的85%的决定权则交给了人际关系。"

因此,不管你从事的是什么行业,只要你学会了恰当地处理人际关系,那么在属于你的那条成功之路上,你就已经前行了85%的路程,在个人幸福的道路上就走了99%的路程了。难怪美国石油大王约翰·戴维森·洛克菲勒会说:"我愿意付出比天底下得到其他本领更大的代价,来获取与人相处的本领。"

如果你想要获得成功，首先就要倾尽全力去营造一个适于成功的人际关系，其中包括家庭关系与工作关系。

"家和万事兴"，这句古话想必大家都耳熟能详。你与配偶的关系怎样，将决定你与子女的关系如何，而家庭关系影响着我们与他人的相处模式。同样，我们与同事、上司和下属的关系就是我们事业成败的关键所在。

对此，美国商界曾对领导能力进行过调查，结果显示：

1.对管理者而言，他们将每天3/4的时间都花在了处理人际关系上；

2.大部分公司的最大开销都是用在人力资源上的；

3.对管理中所制订的计划能否得到有效执行，关键在于人。

由此可见，无论公司大小，最重要的财富都是人。

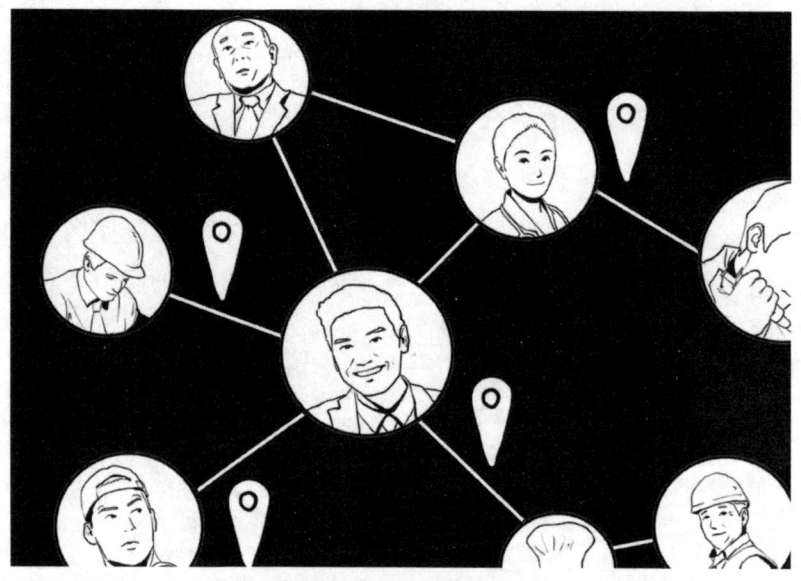

在中国，人脉资源更有着不容忽视的重要性，如果你想取得事业上的成功，就必须尽早建立起自己的人脉圈子。当你有喜乐和尊荣时，能够有人为你摇旗呐喊，鼓掌喝彩；当你有事需要帮忙时，有人会为你铺石开路，两肋插刀，这时你就会真正地体会到人脉的力量是多么不可小视，多么神奇！

2. 人脉越广，情报越多

在这个社会上，总有一些信息灵通的人，他们能够先人一步获取重要信息，从而把握机遇在事业上获得巨大的成功。其实，我们每个人都有获取信息的渠道，这些信息都来自你的"情报站"，而情报站自然就是你的人脉圈子，人脉能有多广，情报就可以有多广，这正是你事业得到无限发展的机会。

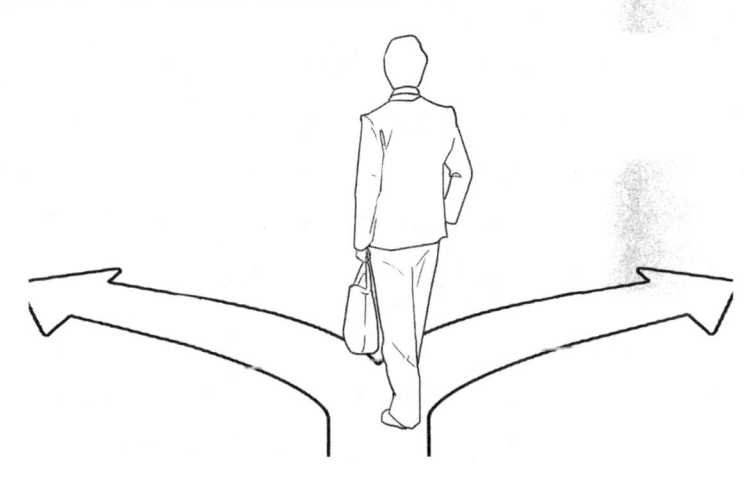

在商场上，人们通常把人脉信息称为"情报"。作为一个生意人，如何才能获取工作上所必需的实际情报呢？通常我们所知道的最有效的方法有三种：经常看报；与人建立良好的关系；养成读书的好习惯。

读书、看报人人都会，相对而言，如何从中提取人脉信息就显得比较难得。实际上，生意人最重要的情报来源就是"人"。对他们而言，"人的情报"无疑比"铅字情报"重要得多。越是一流的经营人才，对这种"人的情报"越重视，越能为自己的发展带来方便。

曾经有一位优秀的企业家，他被同行誉为"情报人"，对于情报的汇集他很有一手，别具心得，最有趣的是他自创一格的"情报槽"理论。他说："一般汇集情报有两个来源，既有从人身上获得的，也有从事物身上获得的。我主张从人身上加以汇集。这样一来，资料建档之后就可以随时活用，对方也会随时有反应，就好像把活鱼放回鱼槽中一样。把情报养在情报槽里，它才能随时吸收到足够的营养。"

有一个有趣的比喻，即将人的情报比作是条鱼。一位著名的评论家曾说："我每一次访问都像烧一条鱼一样，什么样的鱼可以在什么样的市场买到，又该怎么烹调最好吃，我都得先搞清楚。"对生意人而言，如何从他人身上获取情报并将情报处理好，是非常重要的。生意人也知道这个道理，但有时没有办法随时外出，那就只有利用电话向朋友们讨教了！

宫泽喜一——日本第78任首相，拥有一个著名的"电话智囊团"。

每当他在碰到记者穷追不舍地提问时,往往会要求记者给予他一个小时的时间进行考虑。如果碰巧在夜里,那么只要一通电话就可以得到满意的答复,这些答复均来自他与智囊团的信息整合。这也正是我们所说的"人的情报"。

单打独斗的年代早已过去,建立完美高效的人脉圈子为你提供情报,早已成为决定工作成败的关键。我们周围有很多共同享乐和有利害关系的朋友,和他们虽能建立起愉快的关系,但却很难长久。我们结交朋友的过程,都是因为某种缘分同别人邂逅,然后对对方产生好感,之后再进行交流,进而"熟识"。

我们在和朋友彼此熟识之后，会产生一种同舟共济的意识，彼此间逐渐加深感情。认为朋友会对我们有所帮助，通常也就是在这个阶段。在这一阶段的友谊，联系性比较强，彼此之间也更容易产生超越利害关系的亲密感。

具体来说，交往的实质就是互相启发与互相学习，彼此从不断的摸索中逐渐地改变、逐渐地成长，进而建立起稳固而深厚的友情。

而在我们的工作与生活中，那些可以作为智囊团的朋友，大体上可划分为以下三类：

第一类是提供给我们工作情报与意见的，称之为"情报提供者"。

这类人大多从事记者、杂志和书籍的编辑、广告与公关等工作，纵然你不对他们频繁相扰，对方也会经常为你提出一些宝贵的意见，如上述的"电话智囊"就属这一类。

第二类是为我们的工作方式和生活态度提供意见的,称之为"顾问"。

这类人大多都是专家,有很多甚至是本行业内的佼佼者,我们可以把他们视为前辈或者师长,向他们取经。

第三类通常与我们的工作没有直接的关系,称之为"游伴"。

原则上讲并非同行,通常是在我们参加研讨会、同乡会或各种社团中认识的,也有一些是"酒友"。他们可以成为我们的"后援者",有时甚至会给我们带来有力的支撑。

所以说"人的情报"比"字的情报"要重要得多。

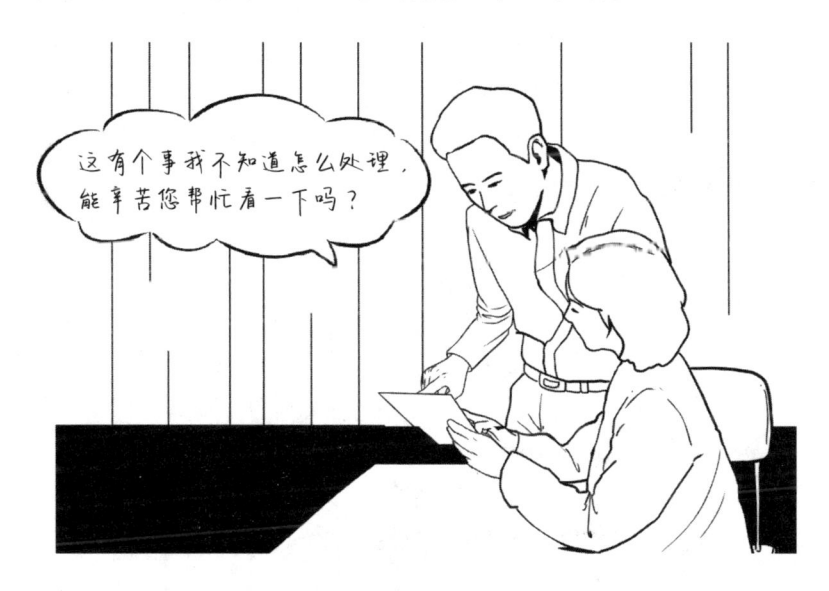

3. 卓越人面帮你打造优秀人脉圈

我们每个人都生活在不同的人脉圈子中，你所在的圈子大小、档次高低，直接影响你的事业和生活水平。如果你圈子里的朋友，都是一些事业发展得很好、收入很高的人，在他们的带动下，你的事业同样也会很好地发展起来的。

下面就让我们看看，优秀的人脉圈子能给你带来什么呢？

（1）通过人脉了解你的竞争对手，从而促进自己

这正是："知己知彼，百战不殆。"如果要想成功，你就必须掌握竞争对手的特点与动向。例如他们是否重视教育训练，是否鼓励员工进修以加强员工的工作技能，他们在同行业中的名声怎么样，是否爱参加商展，有没有加入一些商业性组织……

（2）人脉可以带给你全新的经验与知识

我有这样一位朋友，他从事推广与销售绿色营养食品的行业，他在这个行业里已经做了8年，这8年的宝贵工作经验使他成为一名优秀的营养师。我经常会听到他有关营养学与养生之道的高论，在潜移默化当中，我也学会了许多平衡营养与维护身体健康方面的知识，如果我没有这位朋友，以我自己本身的专业，恐怕一辈子也不会知道这方面的知识或经验。

人脉活动为人们提供了种种可能，既可以让你结识他人，也可以让他人认识你。当彼此的品行、才干得到了解的时候，彼此间的活动就可能会结出甜美的果实，使彼此间的友谊更加密切，获得更多的发展机遇。交际活动就是机遇的催化剂。如果你着意开发人脉资源，懂得捕捉机遇，那么成功就离你不远了。

京城"火花大王"吕春穆在这方面就游刃有余。他原本是北京一所小学的美术教师。某天他在杂志上看到了有人利用收集到的火柴商标引发学生们学习兴趣与创作灵感的报道，于是他决定收集火花。他油印了200多封言辞中肯、情真意切的信件发到各地的火柴厂家，没过多久便收到了六七十个火柴厂的回信，并拥有了几百枚各式各样的精美的火花。

在1980年，他结识了一位在新华社工作的"花友"。这位热心的花友建议他向江苏常州一花友索购一本花友们自编的《火花爱好者通讯录》，由此他欣喜地结识了国内100多位未曾谋面的花友。他与各地花友交换藏品，并通过各种途径与海外的集花爱好者建立起联系。

1991年他的几百枚火花藏品参加了在广州举办的"中华百绝博览会"。他以多年的收藏历史和二十余万枚的火花藏品，被誉为"火花大王"，名甲京城，独领风骚。

我们也应该学会把开展人脉活动与捕捉机遇联系到一起，将自己的交际能力最大化地发挥出来，使自己的人脉圈子不断地得到扩大，发现并抓住每一次难得的发展机遇，拥抱更大的成功！

4. 以诚交友，学会倾听

人不能离群而独居。人总是要过群体生活的，尤其对青年人来说，朋友更为重要。友谊是他们创业的基础。志同道合的朋友可以为我们带来快乐和成功，它比金钱和学识显得更重要。

关于友谊，爱默生说："一个真挚的朋友胜过无数个狐朋狗友。"的确，除了自己的力量之外，再也没有别的力量能帮助你去实现成功。

> 一个真挚的朋友胜过无数个狐朋狗友。

好的朋友在精神上可以慰藉我们，使我们的身心得到快乐，勉励我们道德上的提高。从经营的角度讲，好的朋友对一个人的帮助价值是巨大的。

但是，很多人将人与人之间的交往归于交易，致使友谊不纯，难以找到真正的朋友。其实，交友是一件很重要的事情，不是随随便便就可以的。

友谊能改变一个人的性格，乃至改变一个人的一生。有人说过："友谊可以决定一个人的命运。当年轻人忽视他身边的朋友时，其成功的可能性就会大打折扣。"因为，人的名声是靠一个规模庞大的信用组织来维持着，而这个信用组织的基础却是建立在对人格的互相尊重之上的。换句话说，谁也无法单枪匹马在社会的竞技场上赢得胜利、获得成功。

获得友谊是不容易的，它需要一定的条件。首先要培养能让自己拥有有吸引力的个性；其次，你要慷慨、大度。吝啬、自私是受人鄙视的；再次，你必须表现出勇气和胆识，一个懦夫是不会有朋友的；最后，你必须充满自信，否则，别人也无法信任你，你必须满怀激情，积极向上，保持乐观，没有人愿意接近一个悲观主义者。

人们在生活中，应该与朋友坦诚相见、以心换心，只有这样方能友谊长存。无论做什么事情，都不能以牺牲友谊为代价，应与朋友保持紧密的联系。

甲喜欢喋喋不休地给你说他在大学的经历，乙则愿意听你讲讲你当年在乡下的故事，并表示很感兴趣，你更喜欢谁？甲还是乙，说话者还是倾听者？

答案毋庸置疑是乙。

就人性的本质来看，我们每个人当然更为关心自己，喜欢讲述自己的事情，喜欢听到与自己有关的事情，所以，你要使别人喜欢你，那就做一个善于倾听的人，鼓励别人多谈他们自己。如在别人说话时，你有自己不同的意见，或者你想到别的更有趣的话题，等他说完，不要插嘴，不要打断他。

而如果你想让周围的人都喜欢你，欢迎你，甚至爱戴你，那么你必须学会倾听。在人生交际场上取得辉煌业绩的人，都是会倾听的人。

我们可以以周围成功人士为榜样，完善自己。概括地说，应该做到：

① 听别人讲话要专注

全神贯注地听别人讲话，将注意力始终集中在别人谈话的内容上。

② 听别人讲话要有耐心

耐心地倾听，不要轻易地打断别人的话，更不要在别人讲不同意见时，听不下去而反驳或争吵。

③ 听别人讲话要有回应

要有回应地听，通过点头、微笑、手势、语言等做出积极的反应，鼓励对方完整地说完他的意思。

善于倾听别人说话的人，会让人感到他是值得交往的朋友，并愿意与之相处，他与众人的关系也将日益密切起来。专注凝神地倾听别人说话，它将使你获得成功、理解和友情。

不论什么时候，把自己变成一个好听众，鼓励对方敞开心扉，淋漓尽致地吐出心中的话，你就能成为一个人见人爱的社交明星。

第二章
人面进阶：深谙人心

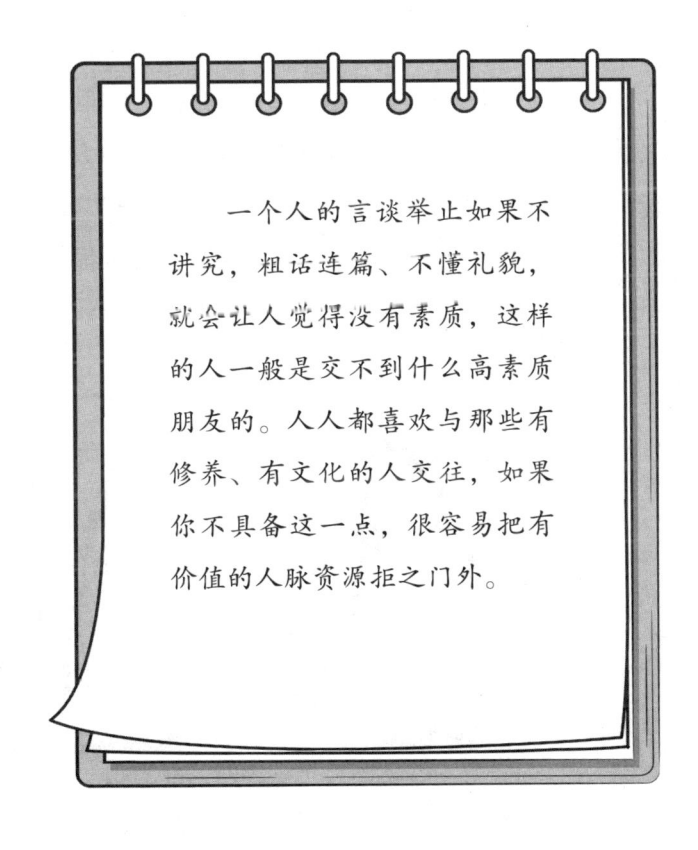

一个人的言谈举止如果不讲究，粗话连篇、不懂礼貌，就会让人觉得没有素质，这样的人一般是交不到什么高素质朋友的。人人都喜欢与那些有修养、有文化的人交往，如果你不具备这一点，很容易把有价值的人脉资源拒之门外。

1. 真诚地回应和倾听

从小我们就被教育，对于他人的招呼和问候不理不睬，是一种失礼的表现。但在社会生活中，偏偏有一种人不懂得回应他人。或许有的人认为这是无关痛痒的小事，不足挂齿。然而，这对于主动打招呼的人来说，却是极大的伤害，甚至是侮辱。他可能会猜忌、怀疑、感觉不舒服，也可能会很生气，但最难以忍受的是被忽略的痛苦。

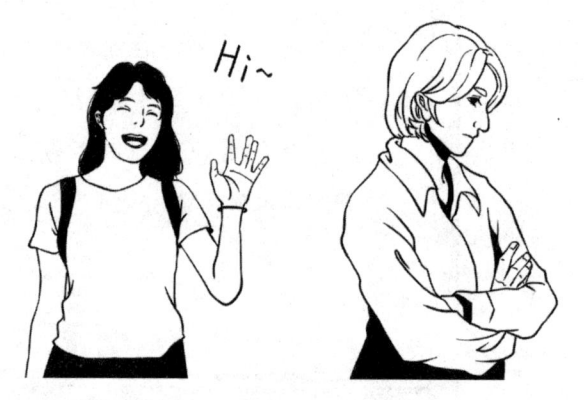

想想看，如先打招呼的人是你的上级，你不理他，他便有可能认为你傲慢、无礼。相反，如果先打招呼的人是你下属，他便会认为那些不理不睬的上级是不是对自己的为人和工作态度有什么不满的地方，自己有没有做错什么事，会让人惶惶不安。

这种忽略回应所造成的影响和隔阂，实际上比我们所能想象的还要深远、严重。

有些人对于他人的呼唤不应不答，而采取"以行动证明一切"的态度，默不作声地突然出现。"我在叫你，你没听见吗？""我这不是来了吗！"

这种态度实在值得好好地检讨检讨，听到别人的呼唤却不理不睬，这不是明明白白地不愿意搭理打招呼的人？这种状态即便是被认为是一种排斥行为，也未尝不可。

另外，和朋友交谈的时候一定要集中注意力。有的人在与朋友交谈时一会儿翻手中的文件，一会儿看手机短信，这样朋友会认为你对他的事情一点儿都不关心，也会感到没有对你倾诉的必要，这对你们的友谊是一个打击。

倾听时，人们所做出的反应往往表现在表情上。如朋友向你倾诉的是他的喜事，你的表情为惊奇、微笑等，朋友会感到你在分享他的快乐；如朋友向你倾诉的是他烦恼的事情，你眼露同情，并频频点头表示理解，朋友会像泉水喷涌般地向你倾诉。在聆听之后，如是喜事，表示祝贺；如是烦恼之事，加以劝导。这样，你就出色地完成了任务，朋友也会满意而归。

我完全理解。

还有一种情况，朋友很想向你倾诉，可有时苦于无从开口，那么你就应该开导他，为他创造一个轻松的谈话环境。如果你想要听对方的意见，那么应该以轻松的态度来交谈。

我们可以从旁引导，让对方有多开口说话的机会，对方肯定会说出他的意见，这样我们就能根据他的意见，去分析透视他的心意。我们要做的是让朋友痛痛快快地把话说出来，因此必要时，我们应先开口把对方引导到可以放松交谈的境地。

2. 用心记住他人的名字

对我们多数人来说，别人的名字是无关紧要的，因此也不会刻意去记住别人的名字，当然也就很容易忘掉别人的名字。多数人觉得，为了记住一个人的名字而煞费苦心是一种精力的浪费，实在划不来。

但是我们不妨回想一下，当你向报纸、杂志投稿时，你一拿到这些报刊，最先寻找的是不是自己的名字？就算你的名字是以极小的铅字排印出来，需用放大镜才能找到，你也不会放过，甚至会极其珍惜地把它剪存起来。这实在是一个不可思议的事。我们对于自己名字的爱恋和关心，不单是在有生之年，就是在我们驾鹤西去之后，还要在墓碑上刻下自己的名字。

如果有人把你的名字写在地上，或有人践踏了写着你名字的一张纸，你是否会勃然大怒或心生不快呢？

由上述的事例，我们设身处地地想想：记住他人的名字，并且很亲切地招呼他，不但能表示你对他关心的程度，而且也会有令对方感到喜悦及被重视的感觉。

对任何人来说，与自己关系最密切的，莫过于自己的名字。因此世界上最重要的语言文字，也就是自己的名字。如果别人忘掉了你的名字，那该是多么令人不快的一件事。对那善忘的人，你又怎么能产生亲切的好感呢？

"你好！很久不见，你上哪儿去？"

有人如此向你打招呼，你当然十分高兴。但是如果他接着问：

"对了！你贵姓……"

这是一件多么令人扫兴的事，刚才的喜悦顷刻变成了一肚子的气愤，心里难免会想：这家伙真可恶，连人家的名字都忘了，还说什么好久不见。

凡是功成名就的人，大多都知道记住别人的名字，因为他们知道这样做将会给自己的人生带来莫大的帮助。他们了解，掌握人心之法并不在于很深的理论，而是在于记住别人的名字，并且亲切地招呼，如此而已。

上海外滩闹市区有一家餐馆，每天顾客盈门，座无虚席。有一天，一位记者光顾了那家餐馆，并问道：

"你们的生意如此兴隆，是不是有什么秘诀呢？"

这家个体餐馆的女老板说：

"记住客人的名字，客人一进门，马上叫出他的名字！"

就是这么简单的一句话，女主人却费了一番苦心。因为她了解叫对对方的名字对一个人而言，是多么悦耳的声音，所以她一直未曾忽略记住别人名字的努力，只要是常来的主顾，她就一定要设法记住他们的名字。她经营的餐馆，也因此而日益红火。

作为一家餐馆，每天顾客熙来攘往，要牢记每一位顾客的名字，实非易事。女老板是如何努力做到这件事的呢？

她向所有第一次光顾的客人索取名片，然后在名片的背后记载此人的容貌、特征，以及某月某日和哪一位客人来店的简单事项。待餐

馆打烊后，女老板再把名片一张张地审视，在脑海中努力地把客人的

名字与容貌联系起来。如此日积月累，凡是第二次上门的客人，她大都能立即喊出他们的名字，这样一来，往往使顾客感到又惊又喜，心里出现一种暖洋洋的感觉，以后有机会，便会再次光顾。

　　被我们所关心的人的名字当然不会忘记，越不被关心的人，他的名字就越容易被忘掉，所以当我们忘了一个人的名字时，就等于坦白地表示：我毫不关心你。这时候，你再想用其他的言语来解释你的疏忽，都已为时晚矣！

3.设身处地为他人着想

任何一个人，都有他独特的优点。但是人们在漠不关心的态度下，无法发现他人的任何优点，只有具有衷心真诚的关怀态度，才可能了解他人的长处，也才能欣然愉快地接受他人的优点。

记得一位处世大师曾在他的一本著作的前言中说过这样一段话：希望获得别人的喜爱，其实不必特地阅读此书，只要向世界上最优于此道的高手学习就可以了。这位高手是谁？每天我们都能在街头巷尾遇到这位高手，我们经过时，它就会向你摇头摆尾，当我们停下来，摸摸它的头，它更是不顾一切似的，对你表示友善。

汪汪~

它并不是有什么阴谋才做如此亲热的表示，它并不是想把土地或房子卖给你，也不想要你向它求婚，它连一丝野心都没有。狗儿们未曾读过心理学，却凭着它们不可思议的本能而获悉：与其千方百计地引人关心，不如对别人寄以纯粹的关心，如此才能获得更多的知己。请允许我再重复一遍："要想获得别人的友情，与其引起他的关心，不如对他人寄以纯粹的关心……"

世界上大多数的人,为了获得别人的喜爱而做了错误的努力,然而他们并没有发现自己的错误。从根本上来说,人类在努力希望别人喜爱他之前,应该先努力地去喜欢别人。

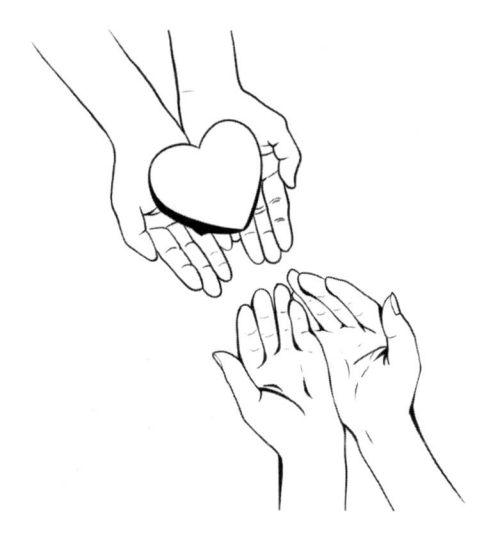

凡是不关心别人的人,别人自然不会关心他。因此他就只能拥有孤寂冷漠的人生。不仅如此,他还会给别人带来许多的麻烦,令人不愉快。

对于人类抱有深切关怀的作者，他作品的每一个篇章都必定能打动读者的心弦，字里行间自然地流露出无尽的爱。我们可以通过作品感受到作者温暖的心怀。

说话和写作道理相同，如果我们所说的话是表示对对方无限关怀的，相信这一段话一定能打动听者的心弦。我们仔细想想，自己寄予无限善意关心的人，会以何种态度来回报我们？再想想，自己毫不关心的人，又是以何种态度来对待我们呢？

卡耐基把曾经与自己有过一面之交的人的生日，记载在一本小册子里。每当新年换日历时，他就把那些人的生日记在日历上，当这些人过生日时，都会获得他的热情贺电。这是一种非常有效地获得友谊的办法。我们都可以立即学习运用，任何人都可以循此办法而获得别人的喜爱。

表示关心的方法非常多，但是说一句充满关怀之意的话语，往往是最直接有效的。我们必须认真而诚意地思考，应该关心别人什么呢？当你的朋友系了一条漂亮的领带，关心可从他的领带说起，只要你说："哦！你今天系的这条领带蛮洒脱的！"对方一定会得意而满足地说："我的眼光不错吧！"

无论什么事情，我们都不愿意经过自己所讨厌的人的手。举个最浅显的例子：如果我们居住地附近便利店的营业员，待客并不诚恳，我们便宁可多走一段路，到较远的便利店去买。由此看来，我们与别人相处成功与否的关键，在于是否能获得别人的喜欢，那么第一阶段的先决条件，就是如何对别人表达温暖的关心。

如此去做，你的同事一定会对你平添几分好感。因此，大多数处世的老手，都很乐意为同事和朋友做些零碎的事，从而博得对方的好感。这种情形并不限于同事朋友间，在社会生活的每个角落，与所有的人接触，都是如此。

"我们对于向我们表示关心的人，同样抱有同等的关心。"

4. 得体的举止有助沟通

在商务社交时如果你的举止能做到恰到好处，将有助于你更好地与人沟通，促成生意。如何才能做到让你的一举一动都恰到好处呢？以下要诀可以供你参考。

（1）手的动作

部分推销员向客户解释和说明时，以手背朝上的姿势指引客户观看目录或说明书，这种手势相当不妥，因为这样做就好像对客户有所隐瞒。对推销员来说，给对方看手掌就表示坦白，因此，手指目录或说明书时，应当手心朝向上方。而如果指小的东西或细微之处，就用食指指出，并且手掌朝上较好。

在商谈中，我们应该张开双手给对方看，同时拇指轻轻向内弯曲。眼睛视线向下，或者东张西望都是很失礼的行为，正确的

方法是：与男性商谈时，视线的焦点要放在对方的鼻子附近；如果对方是已婚女性，就注视对方的嘴巴；假如是未婚小姐，则看着对方的下巴。聆听或说话时，可偶尔注视对方的眼睛。

（2）坐有坐相

当客户请你坐椅子时，记得要先说一句："谢谢！"然后再坐下。坐椅子时，要坐满整个椅面，背部不可靠着椅背，如此坐法是为了将身体向前倾，以表示对谈话内容的肯定。坐沙发时，要坐前一点儿，不可靠着沙发背，且身体须稍微前倾。如果靠住椅背，身体就会向后倾斜，致使下巴抬高，如此便易于让对方产生距离感，应多加注意。

（3）站有站相

立正时我们将下巴与地面保持平行，让双臂自然地落在身体两侧，将双脚打开与肩同宽，与锻炼时使用的姿势相同。此外，立正的时候，紧张且用力地缩紧下巴也不好，那么，下巴究竟要缩紧多少才好呢？欲做此判断只需使自己的视线呈水平直线即可。

（4）与客户的距离

双方均站着时，我们保持彼此都伸出胳臂能碰触的距离即可；若双方均坐着，就要比双方都站立时接近约半条手臂的距离；在结束商谈的最后阶段或做特别请求时，要起身接近对方至彼此脸的距离 50 厘米左右的地方，看着对方的眼睛说话。

第三章
情面：助你拥有广阔人脉圈

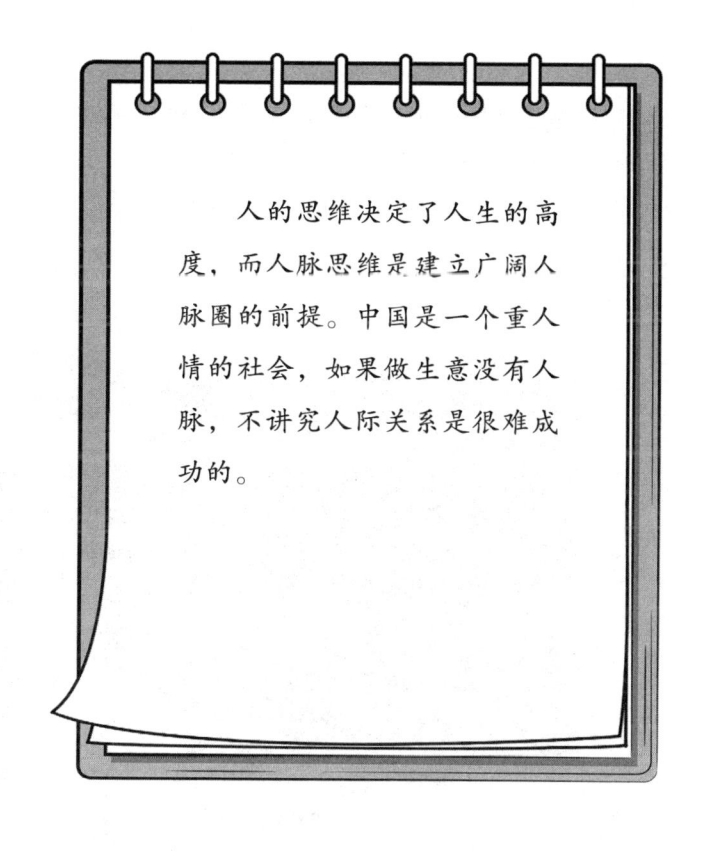

人的思维决定了人生的高度，而人脉思维是建立广阔人脉圈的前提。中国是一个重人情的社会，如果做生意没有人脉，不讲究人际关系是很难成功的。

1. 擅长交友者，交友必慎

在竞争激烈的现今社会，朋友之间的交往十分重要，善于交朋友的人不但生活得快乐自在，而且机遇多多，时时得到众人的帮助。因此，一个人的人缘如何，交友能力如何，实际上反映出一个人处世做人的能力。人在社会生活，不仅要和睦相处，还应该互相帮助，互相尊重，互相关心。

一个用心交友的人，他能有效地改善人际关系，使生活变得更为充实、更加美好。

然而多交必滥，"朋友遍天下，知心有几人"。一个人的精力是有限的，如果不加选择，一味地以结交朋友为荣，会把大部分精力都放在与朋友的周旋上，必然影响自己的正常工作、学习和生活。再者，如果所结交的人中有用心不良者，也很可能给自己带来危害。

在社会上，确实有这么一种人，以广泛结交朋友为荣，可以说三教九流，无所不交。但是真正的友谊不在于相互利用，而在于共同的志向和思想，在于互相帮助，使生活增加乐趣，让友谊为你的生活再增加一些光彩。

当你在结交朋友时，一定要认真对待，绝对不可轻率。在与对方交往的过程中，要注意观察其思想、兴趣、爱好、品质和行为，掂量一下是否值得结交。

我们在择友时，一定要明确自己的标准。有的人以兴趣相投作为唯一标准，而不论对方的思想品行，把讲朋友义气作为唯一标准，至于是否有利于自己，有利于他人和社会，则根本不考虑了。那么他的朋友，既有讲吃讲喝者，又有讲玩讲闹者，甚至还有为非作歹、流氓地痞之类的人。"近朱者赤，近墨者黑。"这样一来，难免影响到自己。

某法制报以《一个企业家的毁灭》为题刊载了这样一个故事：

某建筑安装工程有限责任公司经理赵某，在业务往来中结交了许多朋友。一天，一个朋友和他一起吃喝玩乐后把他带到宾馆的一间豪华房间，神秘地递给他一支香烟。赵某毫不介意地抽了起来，不一会儿，赵某感到异样，这时，朋友告诉他，香烟中放了毒品。赵某当时十分气愤，转身就走，但初次吸毒的体验却使赵某产生了这样的想法：再吸一次。于是，他再次找到那位朋友，又要了一些毒品。

> 你尝尝我这个，肯定跟你之前试过的都不一样。

从此，赵某一发不可收拾，一个月过后，他已经成了一个十足的瘾君子，公司业务没心思过问，妻子也不去关心。短短两年时间，赵某就花掉了几十万元的积蓄，妻子多次规劝，赵某自己也曾多次痛下决心戒毒，两次进戒毒所，但总无济于事，妻子失望之余离他而去，赵某悔恨不已。

在年末的一天，赵某爬到公司正在承建的一座十二层楼房的楼顶，然后跳了下去，结束了自己的生命。

一个颇有前途的企业领导人，就因为交友不慎，被骗吸毒，最后丧失了自己的生命。由此可见，如果在交朋友时不加甄别，一旦交上了那些只知吃喝玩乐的酒肉朋友，对一个人的危害是何其之大。所以，擅长交友者，交友必慎。

2. 交友必交诤友

生活在社会之中的人，特别是在经济日益发展的今天，谁都需要交结朋友，然而交结朋友却很有讲究。我们这样的普通人，应该选择什么样的人作为自己的朋友呢？

请选择你的朋友

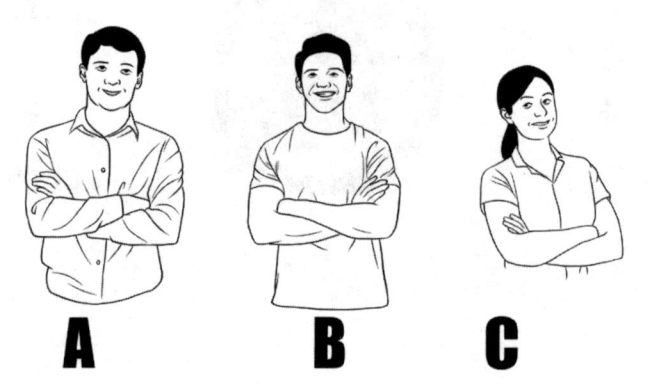

A　　B　　C

（1）高级而有趣的朋友

这种朋友虽然理想，但是可遇不可求。高级的人使人尊敬，有趣的人使人喜欢，又高级又有趣的人，使人敬而不畏，结交愈久，芬芳愈醇。譬如新鲜的水果，不但甘美可口，而且富有营养，可谓一举两得。朋友是自己的镜子。一个人有了这样的朋友，自己的境界也低不到哪里去。

（2）高级而无趣的朋友

这种人大概就是古人所谓的诤友，甚至是畏友了。这种朋友，有的知识丰富，有的人格高超，有的品学兼优像个模范生，可惜美中不足，都缺乏那么一点儿幽默感，活泼不起来。因此，跟他们交友，既不像打球那样，你来我往，此呼彼应，也不像滚雪球那样，把一个有趣的话题越滚越大。这种朋友就像良药一样虽苦但绝对有益。

（3）低级而有趣的朋友

这种朋友极富娱乐价值，说笑话，他最好笑；说故事，他最生动；消息，他最灵通；关系，他最广阔。这样的朋友只能与他同乐，不能与他交心。

（4）低级而无趣的朋友

孔子所说的"损者三友"中的"便辟"，是谄媚奉承，耍弄手段；"善柔"，是当面恭维，背后诽谤；"便佞"，是花言巧语，夸夸其谈。跟这种人厮混，必至骄傲恣肆，吹吹捧捧、拉拉扯扯，无自知之明。

做人交友，应以知心同趣为原则。做君子者与其和市井中的商人来往，不如和山中淳朴老翁为友。这是因为，居于声色犬马的市中之人，与人交往，易生利害得失之心。

而居于山中，深居简出，不问世事的老人生活单纯、简朴，与之交往，可使心灵获得无比的宁静。

我国古人把交朋结友的标准，说得入木三分了。而集中到一点，就是：交友必交诤友，唯诤友才是真友。

人生知己最难求，高山流水遇知音。在论交之初，一般人尚能互相敬重，久之，或富贵利达，或贫困挫折，都会有背信弃义者。

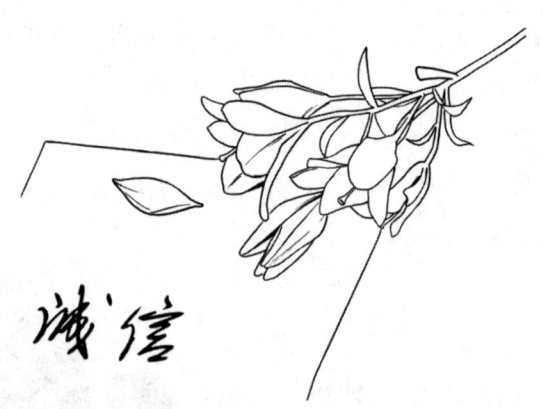

诚信

交友精神，主要有两点：一是提倡"久而敬之"，做到不以富而骄，不以贵而傲，不因贫贱而疏；二是提倡"敬重"，做到"忠告而善道之"，就是说，对待朋友，必须真诚相见，互相帮助，共同进步，尽其劝善规过的责任。

3. 人脉虽广，情面不可轻欠

俗语说得好："天上下雨地下滑，自己跌倒自己爬，亲戚朋友拉一把，酒还酒来茶还茶。"人情之道尽在其中。当然，友情是无须偿还的奉献，而人情却是债，是你予我半斤我必须还八两的往来账，即使当时不能兑现，日后有条件了一定要加倍偿还。

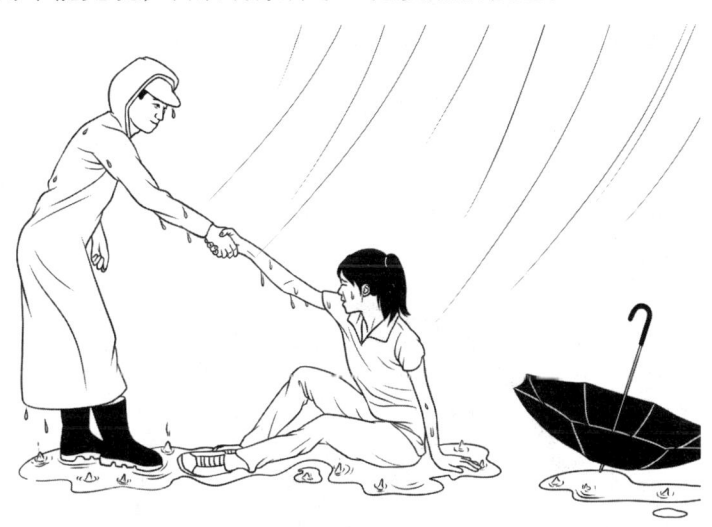

如今，朋友的含义早已变得宽泛，每个人的朋友都是以圈儿划定，如同学圈儿、战友圈儿、生意圈儿等。朋友有期，有的可终身交往，有的则是阶段性的；朋友有别，逆耳相言的畏友（诤友），贴心落意的密友，互用互防的贼友……因此，朋友是多种多样的，好的朋

友能在各方面给你帮助。

有了朋友，你的衣食住行都能得到实惠。

（1）朋友就像你各个时期，不同场合穿着不同的衣装

有的朋友是婚纱，短暂的接触却得以最高的辉煌；有的朋友是西装，只能体面地与你同享风光，却不能与你共担生活的琐碎，倘若穿着西装去扛煤气罐，不仅毁了衣服，也会因袖窄腰瘦事倍功半；有的朋友是便装，虽不能与你共入大雅之堂，却可以在日常生活中给你很多实实在在的帮助。

（2）朋友又像你餐桌上的饭菜

餐饭有家常饭，有聚餐，有宴会。朋友有实用朋友，有精神朋友和心灵朋友。友有三千六，各有用不同。有的可以同享快乐，有的可以共渡难关。家常饭是日常朋友，聚餐是精神朋友，宴会是高境界，是人海茫茫两无知的朋友。

（3）朋友是路

见多识广、手眼通天的朋友，无异于一条通天大路，有时候一个电话、一纸便签，就帮了你的大忙。他可以帮你分析事理拿定方向，为你疏通打点，让你的生活如期登程，按时到站。

而那些老实厚道、能量不大的朋友，也可以是曲径通幽的小路。这些小路幽静安谧，不会给你旷远通达的敞亮，却会让你放松安歇

（4）朋友也是可以以四季来划分的

性格亮丽阳光的，给你打开一扇春的窗口；性情热烈奔放的，引你感受夏的缤纷；脾性沉稳笃实的，让你领略秋的实在；骨子里就冷峻坚毅的，带你一览冬的刚强。

把朋友如此比喻似乎亵渎了朋友二字，但事实就是如此，谁也不必忌讳。亲戚有远近，朋友有厚薄。严格讲，朋友应是双方不以功利为目的偏重情感需求的自然接纳，类似钟子期、俞伯牙一样的一曲绝天下的形式，而那种带有功利意味的密切交往只能叫伙伴……就叫它朋友吧，也没什么不好。朋友是财富，他们带给你的帮助足以让你受用一生。那么，我们怎样才能获得朋友的认可与帮助呢？

首先，不要坑害朋友。朋友其实是最容易被坑害的，他们会

因为信任而对你放松警惕,如果你要坑害朋友,很容易设下圈套。但朋友只要受骗一次,你便会因此失去一位朋友,同时也会失去圈子里的名声和他人对你的信任,那才叫得不偿失,到时你会悔不当初。

其次,对朋友一定要宽容。就是要记住别人对你的帮助,宽容别人对你的伤害。

有这样一则笑话:

有一次,刘关张三人一起去贩卖草席。三人经过一处山谷时,刘备一失足滑了下去,幸而关云长拼命拉住他,才将他救起,刘备于是跑到高处,在一块大石头上用宝剑刻下这样一行字:"某年某月某日云长救玄德一命。"

三人边走边卖草席,来到了一处河边,张飞跟刘备为了一个铜板吵了起来,张飞一气之下打了刘备一耳光。刘备就跑到沙滩上写下:"某年某月某日翼德打了玄德一耳光。"

后来曹操听说了这件事,就在煮酒论英雄的时候问刘备,为什么要把关羽救他的事刻在石头上,将张飞打他的事写在沙滩上?刘备回答说:"我永远感激关羽救我,至于

张飞打我的事,写沙滩上,很快会被海浪冲刷得一干二净。"

曹操哈哈大笑:"今天下英雄,唯使君与操耳。"

虽是笑话,其中的道理却令人回味无穷。

最后,还要与朋友加强沟通。

沟通,这门看似简单实则深邃的艺术,往往在人们不经意间成为解锁心灵密室的钥匙。

在一个被误解与隔阂笼罩的小镇上,居民们渐渐意识到,正是沟通的缺失,让彼此的心田日渐荒芜。于是,一场名为"心声桥"的活动悄然兴起。

活动中,人们被鼓励放下手机,面对面坐下,用最直接、最真诚的方式分享彼此的故事与感受。

起初,空气中弥漫着尴尬与不安,但很快,一个个温暖的故事如同春风化雨,融化了心间的冰雪。有人讲述了多年未解的误会,在泪水与笑声中得到了释怀;有人分享了内心的梦想与恐惧,收获了意想不到的支持与鼓励。

"心声桥"不仅是一座连接人心的桥梁,更是一场关于理解、包容与成长的革命。人们开始意识到,沟通不仅仅是语言的交流,更是情感的共鸣与灵魂的触碰。在这个过程中,小镇的面貌悄然改变,邻里间的笑容更加灿烂,空气中弥漫着前所未有的和谐与温馨。沟通,这一曾被忽视的能力,最终成了小镇最宝贵的财富。

友情也好，人情也罢，都是因需要而存在。有道是"多一个朋友多一条路"，多结交一些朋友，多积累一些人脉，对你的人生总没有坏处。所以说，做人最重要的是要广结善缘。

第四章
情面进阶：学会整合人脉

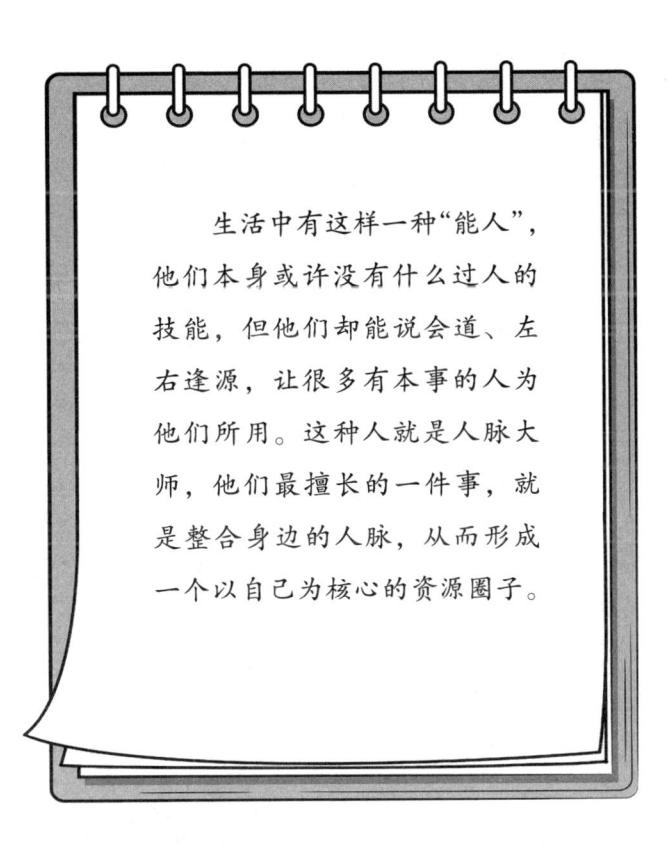

生活中有这样一种"能人"，他们本身或许没有什么过人的技能，但他们却能说会道、左右逢源，让很多有本事的人为他们所用。这种人就是人脉大师，他们最擅长的一件事，就是整合身边的人脉，从而形成一个以自己为核心的资源圈子。

1. 用你的诚信去打动他人

中华民族历来是强调讲信用的民族。在人与人的交往中，从古至今都把信用看得非常重要。《论语》中有："与朋友交，言而有信。"程颐说："人无忠信，不可立于世。"还有"一言既出，驷马难追"，"一诺千金"，等等，讲的都是一个意思："言而有信。"

在人与人相处中，讲信用也是非常重要的一个交往原则。"言必行，行必果。"如果你言行一致，表里如一，那么周围的人就愿与你进行正常的交往。处于复杂的社会中，有时守信并不一定会助我们成功，违信背义在社会交往中似乎有它一定的价值，但这只不过是一种短期的社会行为。

有人曾说过："守信的人所以失败并非因守信而失败，而狡诈弃信的人所以成功，也并非因狡诈弃信而成功。"这是一句值得大家深思的话。孔子说过："久要不忘平生之言。"的确，信守承诺是我们立于这个社会的上上之策，是人与人相互交往中最高贵的品格。

> 守信的人所以失败并非因守信而失败，而狡诈弃信的人所以成功，也并非因狡诈弃信而成功。

你不要轻易许诺，许了诺言要信守，你要给人一种遵守诺言的印象，这样，你才会让他人对你产生信赖。

信守诺言是人的美德，有些人在生意上经常不负责地许各种诺言，但很少能遵守，结果必然会给别人留下恶劣的印象。要信守约定，这看起来似乎很简单，做起来却十分困难，人们只要稍有疏忽，就可能无法履约。

所以，我们千万别轻易许诺，许了诺，就一定要遵守。在生意场上，客户们会被你的态度打动，认为你是一个守信者，从而信赖你、依靠你，你在生活中便会战无不胜，攻无不克。

你需要重视你自己所说的每一句话，生活总是照顾那些说话算数的人。若要你的客户信任你、重视你，你就要对自己所说的话负责，你用自己的行动去说服客户的异议，让他们亲眼看到你所做的都是为了他们的利益，为了遵守诺言，你可以放弃其他的东西，是一个可以信任的人。

产品的销售，需要成功的广告和宣传手段，但最能打动人心、最受客户欢迎的还是你那可靠、守信的服务态度和售后服务。

2. 多一些用心才能多一些回报

博恩·崔西是世界著名的潜能大师、顶级的效率提升大师、顶级的销售导师。他所著的书被翻译成多种文字，他的培训帮助很多的人提升了业绩。

他是怎样做到这些的呢？

（1）为顾客花费大量的时间

你应在客户身上花费大量的时间，与他们更好地交往，为顾客着想，与顾客彼此建立起商业上的友谊。

博恩·崔西在和客户交往的时候，从来不会急着赶时间。他会向人表示，他愿意花费自己足够多的时间去帮助顾客做出正确的购买决定，他是绝对不会对顾客缺乏耐心的。

（2）尊重每一个他所遇到的人

你越看重别人的意见，别人对你的尊重程度就越会影响你的行为。每当我们感觉到别人的尊重，我们就会对那个人有一种特别的感觉。如果有人尊重我们，我们就会觉得那个人比较优秀，比较有洞察力，比较有内涵，而且性格也比其他人好。

（3）从来不会批评、抱怨或指责竞争者

坚决不要从自己的角度出发来批评任何人或任何事，千万不要恶言相向或批评你的竞争者。每当你听到别人提到竞争者的名字时，只要大度地说："那是一个非常不错的公司。"然后就继续介绍你的产品。倘若有人告诉博恩·崔西，他的竞争者是如何诋毁他的，他只会一笑而过。

让我们学会彼此尊重吧！

（4）毫无保留地接受

希望能够被他人毫无保留地接受，是所有人内心最渴望的需求之一。你只需要面带微笑，并且表现出亲切友善，就可以给别人传达你接受他人的态度。一般人都乐意和那些能够接受他们性格的人在一起，而不愿意受到任何评判和批评。

你越能够接纳别人，他们就越乐意接纳你。

（5）认同

每当你称赞并认同他人所做的事情时，就会让他人感到开心并且会变得更有精神。他的心跳会因此而加快，会觉得自己很出色。当你在生活的点点滴滴中找机会对他人表示赞扬及认同的时候，你就会成为一个处处受欢迎的人物。

（6）致谢每一个帮助过你的人

对于每一个人为你所做的事情，你都要表示感谢，这样会让彼此的自我意识提高。你会让他人认为自己更有价值也更重要。

你一定要养成随时随地对每个人感恩的习惯，特别要向那些一直在帮助你的人，表达自己心中的谢意。

（7）全神贯注，认真倾听

当别人在说话的时候，你必须将注意力集中在他的身上，这就是对他最大的尊重。你让他认为自己很有价值，而且非常重要。

你的目标就是成为一个人际交往方面的高手，成为一个拥有良好人际关系的佼佼者。你的目标就是去成为一个在行业中最优秀、最受欢迎的人。

3.解决他人所需，才能满足自己所想

柴田和子是日本推销女王。她蝉联了16年日本保险销售冠军，她的业绩相当于当时800多位业务员销售业绩的总和。

柴田和子是如何运用人脉资源进行销售的呢？

（1）给人一个整洁、开朗的形象

柴田和子虽然一说话便显得神采飞扬，但她不满意自己的身材，觉得自己的身材没有突出的特征，在与对方初次会面时不能吸引对方的眼光，所以，她通常都会借"服装"给人强烈而深刻的第一印象。

（2）利用之前所积累的人脉资源

柴田和子高中毕业之后就到"三洋商会株式会社"（下文称"三洋商会"）任职，直到步入婚姻的殿堂，而其周边的人脉资源也给

了她非常大的支援。刚开始的人脉资源完全是以"三洋商会"为基础，之后则是通过他们的介绍和转介绍而来的。

另外一个对她有很大帮助的则是她的母校——"新宿高中"。

"新宿高中"作为一所著名的重点高中，它培养了非常多的优秀人才，其毕业生在社会上都占有一定的地位。

（3）善于利用银行开发客源

当时日本的企业都是自由资本比例比较低，常需要找银行贷款，而银行也发挥极大的金融功能，在银行与企业的权力构造中，银行居于绝对主导的地位。所以，银行的推荐相当有力度，让企业非常重视。

有一家银行给柴田和子介绍了7家企业。那家银行的领导是一位非常优秀的绅士，之后又不断为她介绍了很多企业。

当柴田和子心满意足地得到一家银行的转介绍后，别的银行也常常对她伸出双手。

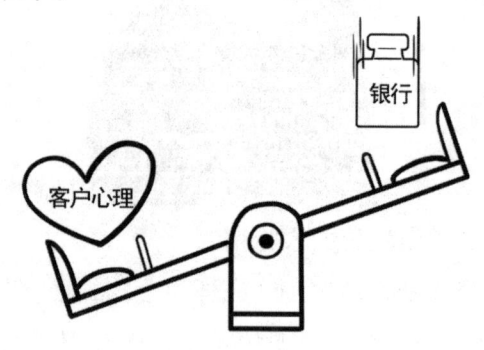

为了具体地清楚企业名称，她曾经整整一天坐在银行柜台窗口前的椅子上，一听到银行柜台喊"××工业公司""××会"，她就会逐个把名称抄录下来。然后再到二楼的贷款部门请求工作人员为她介绍那些企业，之后再去上门拜访。

（4）寻找主导人物

柴田和子通常会选择从老板下手，这对她来说是最有效率的做法。因为老板往往具有最终的决断权，只要使领导同意，那么其余的就只是事务性工作了。所以，行销人员必须清楚谁才是问题的关键。

柴田和子觉得有效率的做事方法，就是将已经建立的人脉资源灵活运用于企业集团之中。每个人都有亲戚、校友和乡亲，从这些关系中来展开她的事业，而她也觉得可以将这些人脉资源灵活地运用在工作上。

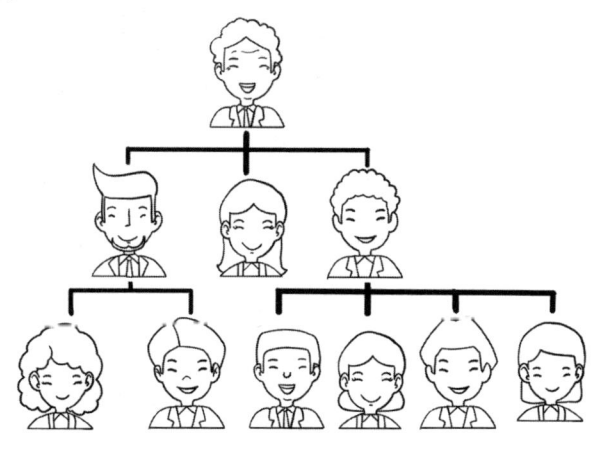

（5）人情练达成就成功行销

柴田和子从来不会错过与别人的约定时间，她绝对不带给别人任何不快。即便是自己的秘书，她也不会让他在严寒或酷暑中等候，如果要让一个人来遭受这些的话，她是宁可自己承受也不愿意让他人等待。

柴田和子说："保险行销要做成功，必须懂得处处为别人着想，即人情练达。"

行销绝不是一个人的事情，光知道拼命地埋头苦干是绝不可能成功的。怎样使对方打开心扉、使对方信任自己，才是最关键的。要达到这个目的，就应该做到能够体恤对方，要有替对方着想的心意。

柴田和子成功的方法：

① 确立具体长远的目标，并想尽一切办法去完成它。

② 时常站在客户的立场来思考问题。

③ 用诚信打动客户。

4. 处世方式要圆通

要成就大事,必须先学会做人;而学会做人,即擅长在交往中积累自己的人脉资源。如果能做到圆通有术,左右逢源,进退自如,上不冒犯达官贵人,下不欺压平民百姓,中不鄙薄同行朋友,行得方圆之道,人脉大树枝叶茂盛,那么成功就一定指日可待。

胡雪岩就是一个这样的人,在晚清混乱的局势中立住脚跟,在商业上盛极一时。纵观胡雪岩的一生,他能处于乱世之中,方圆皆用,刚柔并济,知道如何积累人脉资源,并利用它为自己的商业做铺垫。

(1)得到民心,赚钱就会很容易

胡雪岩觉得,如果钱只集中在富人手中,市面就流通不起来。胡雪岩刚开始创办庆余堂,并没有谋划赚钱,后来由于药材地道、成药灵验、营业鼎盛,才无心插柳越做越大。但赚来的钱除了转为资本，扩大庆余堂的规模以外，胡雪岩平时对贫民乐善好施，历次水旱灾荒、疫病流行，他都贡献出大批成药。

庆余堂的伙计们都有一致的看法：胡雪岩种下了善因，一定会结得善果，他暂时垮下去了，但迟早会再爬起来。因此，所有伙计在胡雪岩潦倒的时候，都像往常一样地去店里上班，维持店面的正常运营。

胡雪岩正是具备这种济世救人的天性，加上他的不同寻常的悟性，从而在官商两道左右逢源。

（2）圆才能通

人往高处走，水往低处流。人本身和自然万物就是不同的。凡事都是人做出来的，不通之处，总会有办法让它通畅。不管什么时候胡雪岩都恪守一条原则，那就是：总要给别人留条后路。

就是胡雪岩这种圆而通的处世学问，深谙中国传统儒家为人处世的道理，使得他能在复杂的社会及商务活动中左右逢源。

同时，胡雪岩拥有审时度势的独到眼光，深悟世道的通变之理，擅长在乱世之中求"变"。

这里的意思倒不是说胡雪岩有异于常人的眼光，在一切未发生前就有一个特殊的筹划。与当时所有的中国人一样，胡雪岩对这种纷乱局势的认识也是循序渐进的。当他刚和洋人接触时，他脑海中的洋人同样非常神秘、新奇。

但是随着交往次数的增加，他渐渐感觉到洋人也不过是利之所趋，因此只可使由之，切忌放纵之。以至于发展到互惠互利，其间的过程是逐渐变化的。

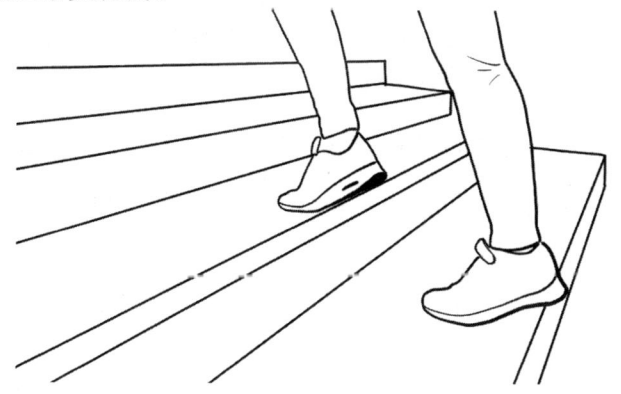

但胡雪岩确实拥有一个天生的优势，就是对整个时局具有先人一步的判断和把握，因此能先于别人筹划出应对措施。占了这一先机，胡雪岩就可以开风气、占天时、享地利，逐一己之利。

胡雪岩由于占了先机，所以经常能够先人一着，从容不迫地应对。每每和纷乱时事中茫然无措的人们相对照，胡雪岩的优势便凸显出来。

胡雪岩在人们的脑海中，最大的特点就是"官商"，皇帝认同了胡雪岩所从事商业活动的合法性。从另一个角度来看，皇权的至高无上也保证了被保护人的信誉。因此王公大臣才能很放心地把大把银子存入胡雪岩的阜康钱庄。

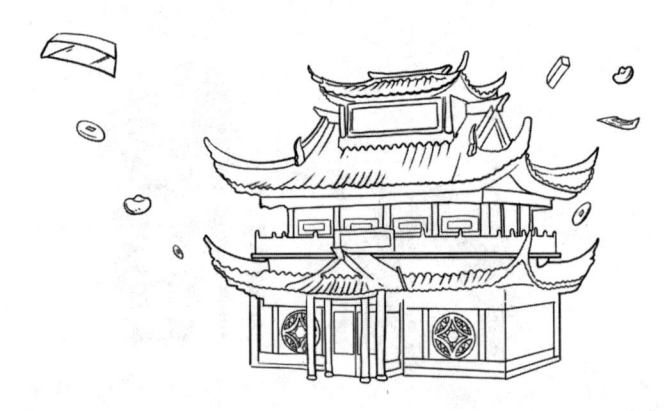

胡雪岩一面赢得了信用，另一方面也清除了在封建时代无处不在的对商人的干预。因此，才能让他如同一个真正的商人那样从事商业活动。

胡雪岩这些超乎常人的素质，使他被大家定位成一个传统文化意义上的"哲商"，并在做生意的过程中不断感悟、不断升华。而这一切正是他对人性有自己独特的见解、善于积累人脉关系的结果。如果没有那圆而通的处世方式，就不存在四通八达的人脉资源。

第五章
情面深化：善于运用微笑的力量

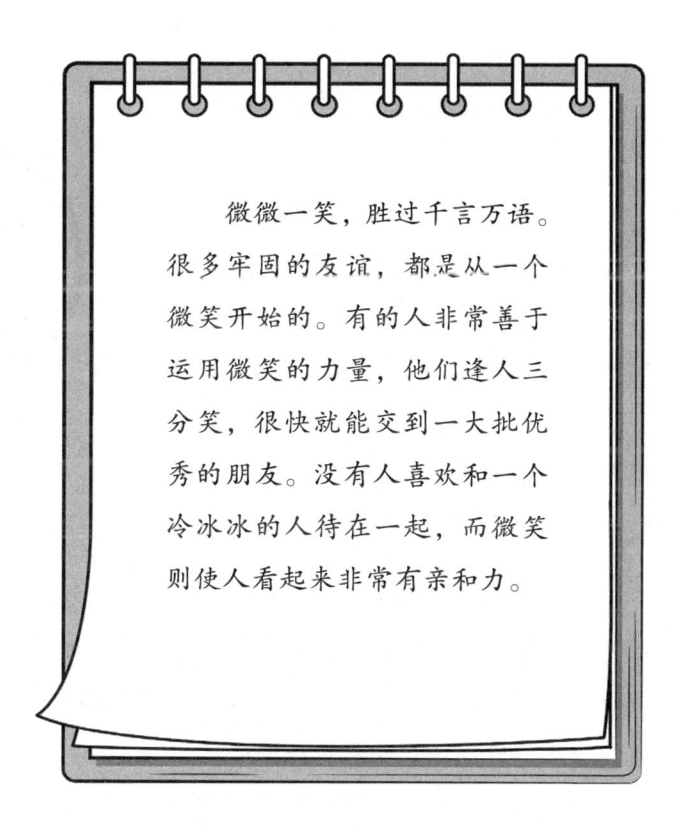

微微一笑，胜过千言万语。很多牢固的友谊，都是从一个微笑开始的。有的人非常善于运用微笑的力量，他们逢人三分笑，很快就能交到一大批优秀的朋友。没有人喜欢和一个冷冰冰的人待在一起，而微笑则使人看起来非常有亲和力。

1. 没人会拒绝一个爱笑的人

笑容，能给你带来意想不到的巨大成功。

服务行业的"微笑服务"，能使顾客盈门，生意兴隆，招财进宝。

世界著名的希尔顿酒店的创办人康拉德·希尔顿说："如果我的旅馆只有一流的服务，而没有一流的微笑，那就等同于一家不见阳光的旅馆，没有任何特点与竞争力可言。"

美国旅馆大王希尔顿投资了一笔资金，其中包括父亲留给他的12000美元和他自己挣来的几千美元，就这样他开始了自己雄心勃勃的经营旅馆生涯。当他的资产奇迹般地增值到几千万美元的时候，他欣喜而自豪地把这一成就告诉了母亲。

出乎意料的是，他的母亲淡然地说："依我看，除了对顾客诚实之外，你要想办法使来希尔顿旅馆住过的旅客还想再来，你要想出一种简单、容易、不花本钱而且行之有效的办法来吸引顾客，这样你的旅馆才有前途。"

经过长时间的迷惘和长时间的摸索，希尔顿终于找到了答案，那就是微笑服务。

这一经营策略使希尔顿大获成功，他每天对服务员说的第一句话就是"你对顾客微笑了没有？"即使是在最困难的经济大萧条时期，他也教导职工们："万万不可把我们心里的愁云摆在脸上，希尔顿旅馆服务员脸上的微笑永远是照亮旅客的阳光。"就这样，他们安然度过了最艰难的经济萧条时期，迎来了希尔顿旅馆的黄金时代。

经营旅馆之道如此，其他各行各业又怎么能脱离得了微笑带来的效益呢？而生活中遇到的一切烦恼，又何尝不能用微笑来化解呢？

微笑，永远是我们生活中的阳光雨露。不论你现在从事什么工作，在什么岗位，也不论你身处多么严重的困境，甚至你的人生正在遭遇前所未有的打击，你也要用微笑去面对它们，直面一切，让一切困难在你的微笑前低头。

那么，我们如何才能学会用微笑来化解人与人之间的坚冰呢？

第一，你要相信微笑是世界上最美丽的表情；

第二，让一些能让自己轻松愉快的事情围绕着你；

第三，在办公室里显眼的位置上，摆放一些令你难忘的照片，可以使你在日常紧张的工作中拥有片刻的轻松。

第四，尽量控制负面消息对自己的影响。要学会控制自己的情绪，不要一直去想不好的事情。

第五，努力寻找那些快乐和能让自己开心的事情。

最后，也是最为重要的一点，要学会为自己微笑。要发自内心地笑出来，因为微笑不仅仅是为了别人，也是为了自己。

俗语说："一笑解千愁。"给身边的人一个愉快的微笑吧，那样你会拥有一个和谐的世界。

没有人能轻易拒绝一个笑脸人。每天用微笑来工作和学习，你会感觉到前所未有的轻松。

2. 微笑能让你获得成功

卡耐基在他的《人性的弱点》一书中介绍了一个因微笑而获得成功的例子：

斯坦哈特——纽约证券交易所的著名经纪人，他过去是个严肃刻薄、脾气暴戾的人，他的脾气坏到他的雇员、顾客，甚至太太见了他都唯恐避之不及。后来，他请教了一位心理学家，心理学家让他随时保持微笑。之后，他一改旧习，无论在公司的电梯里还是走廊上，不论是在大门口还是在商场，逢人就三分笑意地上去像普通的职员一样虔诚地与人握手。

这样过了一段时间，斯坦哈特不仅夫妻间能和睦相处，相亲相爱，而且生意上也是顾客盈门，生意兴隆。

家人之间的"微笑相处",更能使感情融洽,家庭和谐。

斯坦哈特先生结婚18年,很少对他太太微笑,甚至很少讲话。后来,斯坦哈特先生决定改变这种态度,于是他对着镜子说:"你今天要把脸上的愁容一扫而光。""你要有笑容,要微笑起来,就从现在开始。"

于是当他坐下来吃早点时,他笑着对太太打招呼:"亲爱的,早安!"他太太被他突如其来的微笑搞糊涂了,惊诧万分。他就对太太说:"从此以后,你会习惯我的这种态度。"

两个月过后,他们家庭气氛显然比任何时候都要好,一家人和谐、幸福的时光又回来了。

为什么微笑具有如此多的神奇的功效呢?

(1)微笑是人脉交往中最简单、最积极、最容易被人接受的一种方式和方法

微笑代表着友善、亲切和关怀,是热情友好的示意。它能给对方善良、热情、谦和、亲切、愉快和温暖的感觉,同时能明白地告诉对方,"我对你怀着善意","我喜欢你","见到你我很高兴",

"你使我快乐",等等。

(2) 微笑能折射出一个人的健康心理

微笑是社交最基本的礼貌和修养,是个人文明礼貌和良好修养的具体表现。它能展示一个人内心世界的和美,也能真诚地表达对他人的友善情感,留给人如沐春风的感受。"笑一笑,十年少","笑口常开,青春永驻",说的就是这个道理。

(3) 微笑能给人以美的享受,它能振奋精神,调整情绪

美国心理学家保罗·艾克曼的研究指出:当人们露出悲哀、惊讶、厌恶、愤怒的消极表情时,躯体会做出相应的消极反应,同时伴有心率变慢和体温下降等现象;而当人们露出微笑时,心率会加快,体温会上升,情绪也能得到好的转变。

微笑有和解的意愿,它是合作心理的反应,对人与人之间的交流更为有利。

这样看来,世界上没有比用微笑就能达到目的更方便的事了。

在社交的花圃里,我们不能缺少笑声,也不能没有笑声。我们应该有一双聪慧的善于发现的眼睛,时时看到生活中美好的一面;也应该有一双灵敏善于捕捉欢乐的耳朵,聆听生活中令人欢娱的声音。每个人嘴角上的花——笑容,该是永不凋谢枯萎的。

3. 建立人际关系的一条捷径是赞美

我们在积累人脉资源的过程中,懂得赞美别人是建立人际关系的一条捷径。

"良言一句三冬暖",适当的赞美,既能温暖别人的心,也能缩短双方心与心的距离。

赞美是一门学问,其中的奥妙无穷。最有力的赞美就是能抓住赞美事物的实质。

许多人在赞美上常犯的错误就是只知其一,不知其二,不懂装懂,赞美不到点子上去,切不中要害,缺乏力度和可信度。

在书法展上我们经常听到一些人发出这样的赞叹:"这字写得真好!"问他究竟好在哪里,他却支吾半天说不出个所以然来;又或者有人慨叹:"这手字真乃绝活!我一个字都认不出来!"这样的赞扬,自露浅薄。

隔行如隔山,做一个赞美者,至少要略微懂得些专业知识。如

果你的知识面狭窄,很可能在赞美时找不到方向,空怀一颗善良的心,却无法表达出来。

要做到毫不做作的赞美,最好还要对某一行有着一定的造诣,这样你的赞美才会令人信服。同时,赞美者还要独具慧眼,发现其他人发现不了的优点。

除了专业的角度,我们还可以从哪些角度对他人进行赞美呢?

(1)了解对方引以为荣的事情

人一路成长过来,其中有很多自己引以为荣的事情。对于自己引以为荣的事情,如果得到了他人衷心的肯定和赞美,一定会是一件高兴和自豪的事。

对于陌生人,你可以从他的职业、所处环境等大体推断出让他引以为荣的事情。就像一位将军引以为荣的往往是他曾经立下的累

累战功；律师往往会以自己接手的影响力较大的案子为骄傲；哪怕是一个农民，也会为庄稼比别人种得好而生出几分成就感。

真诚地赞美一个人引以为荣的事情，对对方来说是一件很享受的事，同时也可以赢得对方的信任，使他更容易接受你的建议。

这时就要注意三点：其一，赞美的话语表达要准确，不能偏离事实；其二，赞美要真诚，发自肺腑；其三，赞美时要专注看对方的眼睛，让对方感受到你为他快乐的心情。

（2）了解对方的爱好

每个人都有自己的爱好，有自己的专长。比如琴、棋、书、画，养花种草，等等。

爱好是一个人的乐趣所在，常言所说的志趣相投，很大程度上是指兴趣、爱好接近，从而才使两人走到一起成为朋友。尊重别人的爱好，可以赢得别人的喜欢。

要做一个赞美高手必须先了解别人的爱好，并懂得尊重别人的爱好，适时赞美别人的爱好。要想使你的赞美真正能够直抵其心，你必须有一"技"之长。

① 爱屋及乌

如果你要赞美的对象是一个足球迷，那么你不论夸他足球知识渊博，还是赞扬他喜爱的球队，他都会感到高兴。

② 虚心请教

一般说来，爱什么懂什么。一个人若爱好书法，必定有丰富的书法知识；一个人爱钓鱼，钓鱼经验必定丰富。聪明的人知道这时没有必要恭维其爱好如何如何，这样的话他必然听得多了，你夸完他，他脑中也留不下半点儿痕迹。

这时，如果你虚心地向他讨教一番，他再耐心地向你传授其中的一二奥秘时，你自然也就满足了他的夸耀欲。

③ 让自己"外行"一些

两个萍水相逢的人，如若爱好相同，便可能一见如故。爱好相同的两个人相处时，谈得最多的自然是彼此的爱好。

爱好相同的人全身心地投入交流会让人心生佩服，但是也会因某一技术性问题争得面红耳赤。这时，你若想恭维对方，不妨把自己表现得"外行"一些，或水平略低一筹。

赞美的高境界应该是不露声色，沁人心田却不留痕迹。

4. 尊重他人，学会用心去倾听

倾听是一种别样动听的语言。专心地听别人讲话，是我们所能给予他人的最大尊重。

许多人去找心理医生，但实际上他们需要的只不过是一名听众而已。

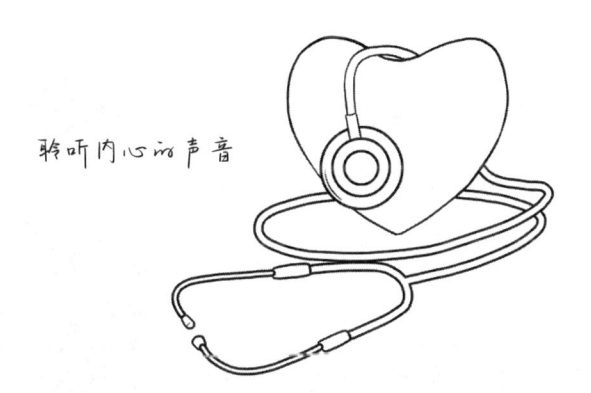

聆听内心的声音

乔·吉拉德说："有两种力量非常伟大，一是倾听，二是微笑。你倾听对方越久，对方就会离你越近。"倾听是世界上最动听的语言，乔·吉拉德对这一点的感触很深。

在一次交易中，乔·吉拉德花了近半个小时才让顾客下定决心买车。然后，乔所需要做的最后一件事就是带领顾客走到自己的办公室里，签下一纸合约。

> 这辆车的性能是很好的。

当他们向办公室走去时,顾客开始向乔提起他的儿子,因为他儿子就要考进一所有名的大学了。他十分自豪地说:"乔,我儿子以后会成为一名医生。"

"那太棒了。"他们边走着,乔一边心不在焉地说。

"乔,我的孩子很聪明吧,"顾客继续说,"在他还是婴儿时我就发现他相当聪明。"

"他成绩非常不错吧?"乔说着,目光仍然落在别处。

"在他们班是最棒的。"顾客又说。

"那他高中毕业后打算做什么?"乔礼节性地问道。

"我告诉过你的,乔,他要到大学学医。"

"那太好了。"乔说。

突然地,顾客停下来看着他,说:"乔,我该走了。"

下班后，他开始考虑白天那位客户离去的原因。第二天上午，乔给那位顾客的办公室打电话说："我是乔·吉拉德，我希望您有时间能来一趟，我这有一辆好车推荐给您。"

"哦，世界上最伟大的推销员先生"，电话那头说，"我想让你知道的是其实我已经从别人那里买了车。"

"是吗？"乔问道。

"是的，我从另一个欣赏、赞赏我的推销员那里买的。当我提起我儿子吉米时，他是那么认真地听。"

顿时，乔明白了他当时有多愚蠢，此时，他才意识到自己犯了个无法挽回的错误。

这就是倾听的力量！倾听是给我们带来人脉的通道，也是带来财运成本最低的方式。

因此，如果想要把握住眼前的机会，就先学会倾听吧。正如有人曾说的："要引起别人的兴趣，就要先对别人感兴趣——问别人喜欢回答的问题，鼓励他谈谈自己的成就。"

请记住，当你下次开始跟别人交谈的时候，别忘了这点——跟你谈话的人对他自己、他的需求和他的问题，比他对你和你的问题，要感兴趣千百倍。

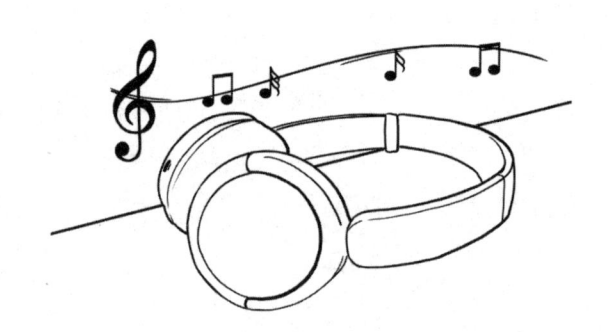

因此，如果你要有所成就，请记住：做一个好的听众！

第六章
场面：轻松应对不同的人

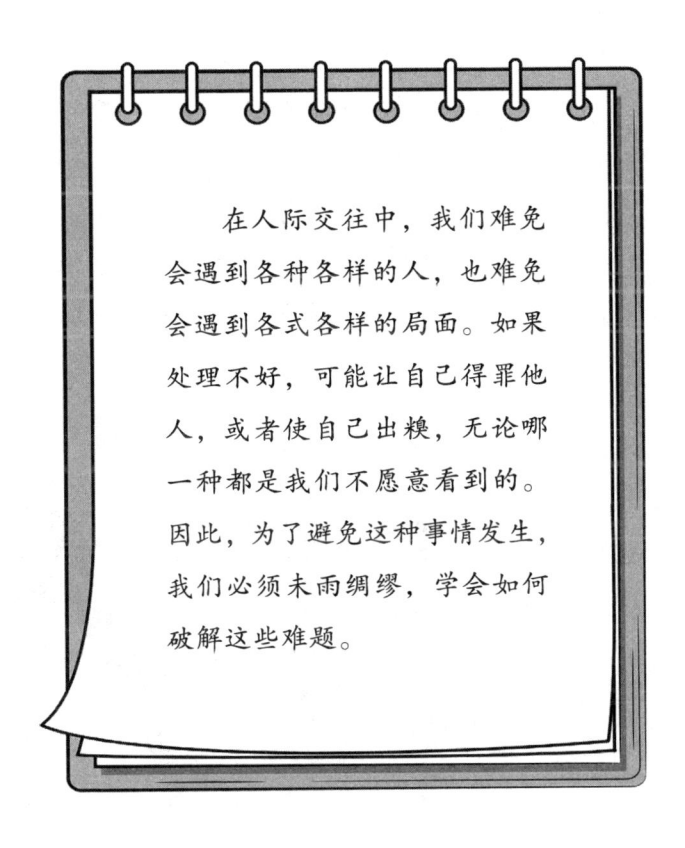

在人际交往中，我们难免会遇到各种各样的人，也难免会遇到各式各样的局面。如果处理不好，可能让自己得罪他人，或者使自己出糗，无论哪一种都是我们不愿意看到的。因此，为了避免这种事情发生，我们必须未雨绸缪，学会如何破解这些难题。

1. 搬弄是非之人要远离

君子坦荡荡，小人长戚戚。的确，一个君子，眼睛里看到的永远只是自己脚下的路；只有小人，才会对搬弄是非这件事格外上心。因此，面对是非议论，我们必须小心谨慎。

有人曾对某地区八所中学的782名高中学生进行了一项调查，询问"你平时最看不惯什么？"的答案。结果，居然有半数左右的学生回答说："最看不惯被人背后议论。"

"人言可畏"，可见这句话说得多么的精确！

每个人都免不了说别人的一些闲言碎语，同时也免不了被别人当作笑谈。这里提到的"搬弄是非",说的就是那些喜欢背后讲人坏话、以挑拨离间为乐趣的心理变态的人。遇见了这样的人,我们必须掌握一些诀窍,不然跟他相处就会很难。

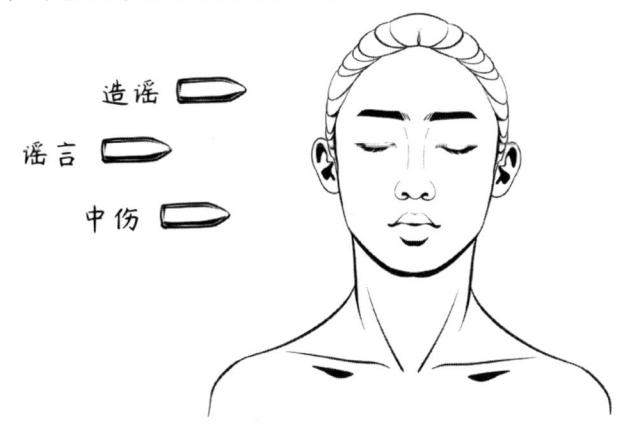

那么如何对付这些搬弄是非的人呢?

一是做人要坦荡。人生在世,总有遭人议论的时候。有时背后的议论,其实也不完全是颠倒是非,有些是符合实际情况的,而人们议论这些问题的动机,有好有坏。但无论怎样,你都要坦然面对,不要让自己乱了阵脚,做出傻事,而中搬弄是非者设下的圈套。

二是做人要正直。背后搬弄是非,本身就是一种缺乏道德感的行为,我们面对这样的行径不能迁就,一定要正直地站出来,指正造谣者的不当行为,帮助这些人改正恶习。最有效的办法是,要站在朋友的立场上,尊重对方的人格,给予合理的意见和建议;同时,积极地引导对方树立正确的人生观。

若是对方搬弄是非的习惯固定成为他某个性格,那就不要搭理这种人了,"走自己的路,让别人去说吧!"千万不要争着抢着跟这种人进行理论。这样只会令大家更加难堪,解决不了实质性的问题。

2. 对性情急躁之人要冷静

在我们的生活中，会遇到很多脾气暴躁的人，他们像"火药桶"一样一点就着，那么我们如何与性情急躁的人相处呢？

（1）宽宏大量，一笑置之

性情急躁的人如果对你有所冒犯，你必须让自己冷静下来，要么干脆不要理他，要么瞪他一眼，不做辩解。更可以一笑置之，这样既可以帮助自己摆脱尴尬的局面，还能让对方知难而退，避免事情的恶化。

（2）暂时忍让，避开锋芒

遇到性情急躁者对你进行冒犯时，若你自己也很急躁，两个人针锋相对，针尖对麦芒，很快就能使矛盾激化。你最好冷静下来，暂时忍让，避开锋芒。等对方消气了，再试着跟对方讲道理，进行一系列的辩论和劝说。

（3）胸怀开阔，宽容大度

只要你胸怀宽阔，自然会容忍下别人的态度，对自己的行为敢于担当，勤勤恳恳，任劳任怨。他吵或者凶，你都只是平心静气地对待，这样就闹不起来了。"宰相肚里能撑船"，只要你拥有宽广的胸怀，凡事不要那么计较，就会让本来发火的对方，火气消退，慢慢收敛起来。

（4）察言观色，防患未然

性情暴躁的人，当他生气时，很容易不看场合地随意发泄。这时，你应察言观色，防患未然，如果跟他计较，就可能会沦为他的出气筒。因此，你要学会察言观色，凡事退一步海阔天空，在他火气消退下来时，再跟他详细地说明所有。

努力让自己成为性情急躁者的镇静剂，而不是他们的出气筒。

3. 心胸狭窄之人可忍让但不可迁就

心胸狭窄的人一般都很难容得下人和事，他们对比自己强的人会嫉妒，对比自己差的人则又会看不起。且他们生性多疑，常常因为一点儿小事，就经常吃不好、睡不好，实在是害人害己。跟这类人相处的时候，更要掌握一定的诀窍。

下面就通过一则三国时代的故事，来理解下如何与这类人打交道吧。

《三国演义》中，有很多记载周瑜与诸葛亮之间的故事的。周瑜乃是东吴的都督，诸葛亮则是西蜀的丞相。为了抵御曹操百万大军的入侵，二人在一起共商国计。周瑜见诸葛亮为人聪明，智慧过人，比自己强很多，就很是嫉妒，于是多次暗中算计，想置诸葛亮于死地；但诸葛亮为人心胸宽广，做事一向是以大局为重，从不计较个人的得失利弊，这才促成了吴蜀的军事联盟，最终打败了曹操的百万大军，为夺取天下奠定了不可小视的基础。

我们能从诸葛亮与周瑜的周旋中，可以获得以下这些宝贵的经验。

（1）要大度

跟心胸狭窄的人打交道，必定会遇到一些不愉快的事，要是缺乏气量，跟他斤斤计较，那就无法继续你们之间的相处。

（2）要具备忍让的精神

忍让，并不代表你放弃了自己的原则。一个人之所以会心胸狭窄，很可能就是因为他养成了孤立和静止的看问题的视角，目光短浅，不能正确认识到事物的各个方面。

好比说周瑜，他只看到诸葛亮的才华横溢，一旦诸葛亮帮助刘备强大起来，就会威胁到东吴，却没有意识到目前的严峻情势，面临曹操的百万大军，一味地嫉贤妒能，就会直接破坏掉吴蜀联盟，最终只能被曹军击个粉身碎骨也未可知。

然而诸葛亮却清楚地认识到这一点，避开周瑜的百般刁难，不愿破坏两军联盟。

静以修身，
俭以养德。

　　所以，心胸狭窄的人通常都看不清楚眼前的重大局势，错误地待人接物。对这样的人进行忍让，绝不是旨在姑息他所犯下的过错。对朋友的心胸狭窄可以忍让，但面对他错误的思想与行为，是万万不能迁就的，迁就跟忍让完全是两个不同的概念。

4. 孤僻之人要耐心引导

在现实生活中，存在这样一种人，他们通常都很内向，总是郁郁寡欢，时常沉浸在焦躁烦恼的氛围里，心情阴郁，几乎没有什么生活乐趣。我们将这样的人称为"性格孤僻的人"。

在与这类人打交道时，一定要掌握一些技巧。

心理学上说，性格是一个人对现实的稳定态度，以及与这种态度相应的、习惯化了的行为方式中表现出来的人格特征。一棵参天大树，它的每片树叶都不是相同的；芸芸众生的人间，同样也拥有各种各样的人，这些人有着自己独特的性格特征。每个人的性格，都集中体现着他的全部生活史。所以，我们在跟性格孤僻的人打交道时，首先必须掌了解使他孤僻的原因，这样好对症下药，寻找恰当的方式跟他进行有效的沟通。

不论造成他孤僻的缘由是什么,我们在跟其交流时,都要给予温暖与体贴,让他们获得友谊,从别人的付出中体验人生的温暖,体验到生活的情趣。所以,不管是在学习、工作还是其他方面,我们要多为他们考虑和付出一些,多给他们关心和爱,特别是当他们遇上困难,自己没有办法解决的时候,更应主动承担起照顾和关心他们的责任。实践证明,友谊的温暖完全能够消融他们心中的冰霜,帮助他们重新找回充满欢乐的岁月。

性格孤僻的人,通常沉默寡言。有时候,他们会特别在意一件什么事,但就是这样也很少开口说些什么。不谈话就无法真正地交流思想感情。所以,当我们与之进行沟通时,要主动积极,

更要认真地选择一些他们关注的话题。相信只要谈话的核心能触到他们的兴奋点，他们自然会跟我们交流的。

性格孤僻的人，总是喜欢抓住话题里的一些细微环节，进行一系列幻想，一句很普通又简单的话，有时都能引起他们的猜忌，让他们愤懑，并且铭刻在心，严重的会产生相当深的心理隔阂。而这种隔阂，他们一般不会直接表现出来，而是用一种微妙的形式展现出来，让当事人无法察觉。所以，交流时，要格外留神，所说的每句话、所用到的措辞和选句都要深思熟虑，切忌疏忽大意。

除此之外，我们还要注意多多引导他们阅读一些对他们自身有益的相关书籍，帮他们建立正确的世界观、人生观、价值观，并以此为基础，树立正确的友谊观、爱情观、婚姻观和家庭观，帮助他们完善人际关系。事实表明，只有这样，才能将两者之间的交往真正深入下去。

最后，要注意引导他们参加一些集体活动，帮助他们拓展一下人际关系，让他们从自己封闭的小世界里跳出来，真正地投入社会的怀抱，慢慢地变得乐观起来。在活动的内容与形式上，应照顾到他们的特点，适当地选择一些轻松愉快的话题。例如看一场喜剧电影，或者去野外划船，放松一下尘封已久的心。

孤僻的性格，是在漫长的生活当中形成的，有的已经形成了固定的生活方式，一时间很难改变。在同他们打交道时，你难免会遭遇别人的不理睬，难免会不开心。但一定要有耐心，相信在你付出了自己的心血之后，待到他的心锁被彻底打开，你们就会变成一对很好的朋友，变得无话不谈，友谊将会地久天长。

第七章
场面升级：驾驭社交风云

在人际交往的时候，我们经常面临很多的盲区。所谓盲区，就是指我们没有意识到的交友禁忌，或者常常犯错的地方。一旦进入这个区域，我们常常会做出非常错误的举动，以至于破坏好不容易建立起来的人际关系。

1. 再好的朋友也要处之有度

如何对待朋友，如何获得朋友的信任，相信每个人都有一套自己的见解。比如好朋友之间应该亲密无间、无所不谈，再比如和朋友说话不必绕弯子，要直截了当，甚至刻薄一点儿也没关系，因为朋友不会介意的。然而这些做法和想法未必正确，有些甚至是极大的误区。

下面是交友必须注意的三大误区，一定要牢记在心：

（1）和朋友过于亲密

遇到志趣相投的朋友，人们往往愿意亲密无间、形影不离；如果是陷入"热恋"中的话更是如胶似漆、寸步不离，让彼此都没有一点儿私人空间。这是个危险的征兆。

交友的时候，双方应该互相了解彼此之间的默契程度，以此来确定一个彼此都感觉舒服的距离，使双方感觉是刚刚好。

恋人、夫妻之间的关系也同样如此，保持适当的距离，给爱情放一个假，保留一些神秘的感觉，这样有利于更好地吸引对方，这正是欲擒故纵的充分运用。

我们对别人过分关心，对别人的事情太过关注，只能使对方觉得乏味、厌烦，别人表面上对你表示感谢，内心里却有着说不出的负担。所以我们应该清楚，亲密要有间，距离产生美！

（2）知己难得，有一个足矣

当我们与某人的交往达到一个极致时，再继续投入的话，得到的回馈就非常少了，如果把追加的投入转而投入到其他人身上的话，很有可能产生意想不到的效果。

俗话说："人生得一知己足矣。"如果人的一生能够拥有一个知己，确实令人觉得非常宽慰。但你如果有几个知己就不想去结识其他人的话，在一定程度上这限制了你的人际交往，非常可惜。

人际交往也存在一个限度，与其投入超过限度的时间和精力到相同的人身上，不如多结识几个朋友，也会多一些收获。

（3）忠言不一定逆耳

对朋友的告诫，忠言必须逆耳吗？

常言道："良药苦口利于病，忠言逆耳利于行。"这句话说得太多，人们很容易会产生错觉，告诫朋友的话必须不好听，不难听的话不能称之为"忠言"。这是个非常大的误解！

唐太宗李世民曾经扬言要杀掉频频引得他龙颜大怒的魏徵，长孙皇后听到后非常着急。如果这个时候用逆耳的"忠言"来规劝李世民，李世民不仅不会接受，反而会让事情朝相反的方向发展。

会说话的长孙皇后好言相劝李世民，她说："古往今来主贤臣直，只有君主仁义，当臣子的才能发表自己的意见，有话才敢讲，今魏徵敢于冒天下之大不韪直言劝谏，靠的就是圣上贤明。"李世民听到后非常高兴，顿时打消了杀魏徵的念头。

规劝朋友时，如果朋友不能接受你的方式方法，他又怎能对你的动机和建议表示接受呢？

交际是一门非常严谨的学问，是人生的一门必修课，单靠古人的几条训导和社会上人所共知的箴言是完成不了这份答卷的。只有以严谨的态度对待交际,遇到问题仔细分析,对症下药,才会找到解决问题的突破口,才能得到最满意的答案。

规劝朋友的过程实际上是让别人接受你的动机、方案和方法的过程。动机、方案、方法三者紧密相连,缺一不可。在规劝别人的时候,多考虑一些方法,讲究一点儿技巧,忠言完全不用逆耳!

2. 说好假话也是一种技能

"我从不说假话",这本身就是一句骗人的话,有时候为了使人们保持自己内心中的那一份希望,假话发挥了一定的作用。

假话,在积累人脉资源的过程中会起到不可替代的作用。人都希望自己被肯定,人都希望听到的坏消息最终是虚构的。为了保持人们心中的那一份希望,社会上就需要一些善意的谎言。

想要说好假话并不是一件容易的事情,大体上有三条原则。

(1)真实

假话是没办法真实时的一种"真实"。当我们无法表达自己内心真实的想法时,我们就选择一种含糊不清的概念来表达真实。当一位女友穿着刚买的衣服,问我们她穿着是否好看的时候,此时如果我们觉得没办法判断,我们便开始含糊其词,回答说:"还好。""还好"是什么意思,是不好还是好?这就是假话中的真实。它和一般的奉承有明显的区别。

（2）合乎情理

这个是假话得以存在的非常重要的条件,很多假话明显是不符合事实的,但因为它合情合理,所以这样也能体现出我们的善良、爱心和美好。

我们经常会碰到这样的问题:妻子患了重症,不久将要离开人世。丈夫应不应该告诉妻子真相?很多专家认为,如实告知会增加妻子

的负担。当一位丈夫忍着即将到来的诀别的煎熬时，对妻子撒的谎，反而会带给妻子生的希望，带给我们更多的感动。因为在这谎言里包含他无限的深情。

（3）必须

是指许多假话是必须说的。这种"必须"很多时候是出于礼仪的需要。例如在我们接受邀请去参加庆祝活动之前遇到不开心的事情时，我们必须将内心的不快和郁闷掩饰起来，带着一份好心情投入到开心的场合。这种掩饰完全是为了礼仪需要，是非常合乎情理的。有时候我们撒谎是为了摆脱令人尴尬的境地。

假话是保全自己的一种必要的交际谋略。我们说假话的时候只要遵循上述三条原则，我敢肯定它同样会让我们充满魅力。只要我们内心善良，把谎言仅仅当作交际的一种策略，这就是美丽的谎言。它是在善意基础上交际的非常实用的策略。这同恶意的假话，为了达到不可告人的目的而编造的假话相比，两者有着根本的区别。那种心怀鬼胎，诈骗、奸佞的人迟早会受到惩罚的。

只要我们内心善良，把假话仅仅用在某些人际交往中，这是能够让人接受的。

3. 别与小人去纠缠

社会上到处都有"小人",如果和"小人"的关系处理不当的话,你就会经常吃亏。"小人"没有特殊的面孔,脸上也没刻着"小人"两个字,有些小人甚至会让人觉得文质彬彬,有口才也有内涵,一副王者之风的样子,根本超乎你的想象。

不过,"小人"还是可以从日常的言行举止中分辨出来的。

总而言之,"小人"就是做事、做人不厚道,以不正当的手段来达到自己不可告人的目的的人,所以他们的言行有以下的几种特点。

① 喜欢造谣,诽谤别人。他们造谣生事都具有不可告人的目的,

绝不仅仅是拿这件事来寻开心。

②喜欢在背后说别人的坏话，挑拨别人之间的关系。为了达到某种目的，他们想尽一切办法来挑拨同事间的感情，制造他们的矛盾，然后渔翁得利。

③喜欢溜须拍马。这种人不见得一定是小人，但这种人很轻易就受到上司的器重，而在上司面前说别人的是非。

④喜欢心怀鬼胎。这种行为代表他们这种人的行为特点和办事风格，他们对别人既能当面一套，又可背后一套，因此对你也可能阳奉阴违。

⑤喜欢做"墙头草"。谁强大就依附谁，谁没落就抛弃谁，没有自己的主见。

⑥喜欢将别人当作自己的垫脚石。也就是想尽一切办法来利用你，而你的前途他们是不会考虑的。

⑦ 喜欢趁火打劫。只要有人跌倒的话，他们会追上来再踩一下。

⑧ 喜欢推卸自己的责任。分明是自己的错却死不承认，非要给自己找个替罪羊。

⑨ 喜欢把自己的开心建立在别人的痛苦之上。

实际上，"小人"的特征远远多于这些，不管怎么说，凡是做事不合乎道德的人都带有"小人"的性格。

那么，该怎样正确处理和"小人"的关系呢？以下几个原则可以做参考：

（1）不理会他们

注意防范"小人"。

通常说来，"小人"比"君子"更为敏感，心里也比较自卑，因此你切忌在言论上刺激他们。远远避开他们，尽量少和他们接触。

（2）注意自己平时的言行

千万不要让小人在你的话里抓住任何把柄。

说些"今天天气很好"的话就足够了，如果涉及别人的隐私，涉及某人的是非，或是发了某些对领导不满的牢骚，这些话一定会成为他们兴风作浪和陷害你的素材。因此，千万不要让小人在你的话里抓住任何把柄。

（3）和小人之间不要有利益往来

小人经常会聚集在一起，形成一股势力，你千万不要想从小人身上获得利益，因为你一旦得到一点点的好处，他们必会要求你加倍偿还，甚至弄坏你的名声，让你无法脱身！

（4）吃些小亏也没关系

切莫因为自己吃了点儿亏而与小人发生纠缠。

"小人"有时也会在无意间伤害你，如果无关紧要，就算了，因为你找他们不但得不到答案，反而会因此结下更大的仇怨。因此，大度一点儿，不与他们纠缠，原谅他们吧！

当你了解了上述小人的特质，并坚持做到以上几点，你就能和小人和谐相处了。切莫因为自己吃了点儿亏而与小人发生纠缠。

4. 别让坏习惯误了你的人脉资源

　　如果你不受大多数人的欢迎，往往是因为你的问题。也许你的确没有很高的情商、没有很强的自制力，谁和你在一起都会觉得非常压抑。可你自己并没有感觉自己做错了什么，看到的却是周围的同事们相约去酒吧聚会，唯独缺少了你，你被孤立了。

　　有些人在自己不注意的时候可能已经不受周围人的喜欢了。没有人喜欢听他们说话，很少人支持他们的观点，好像总觉得别人不配合自己，其实这个时候是自己不"合群"了，以至别人不愿意和你做朋友了。是什么原因造成自己现在的局面？认真反思一下，可能是以下这些原因造成的。

　　（1）喜欢抱怨

　　在现实的工作生活中，人们通常不喜欢频繁抱怨的人。

　　有些人抱怨自己没得到相应的回报；抱怨别人送给她的衣服不

合身;抱怨衣服没有好看的颜色;抱怨天气不好,总是下雨;等等;一般人频繁听到这样的话能心平气和吗?

(2) 不喜欢听别人的意见

喜欢以自我为中心的人,总是对别人漠不关心,不喜欢听别人的意见。如果你对别人说什么都提不起任何兴趣,那么别人也会对你失去兴趣。

(3) 对别人说扫兴的话

没人欢迎一个总是带来令人不舒服的消息的家伙。

当别人开开心心订完去爱琴海度假的船票后,如果你对他说:"听说一位游客被人在海滩杀死后又被分尸了。"那么你一定会给他人带来不愉快。

(4) 常搞恶作剧

经常搞恶作剧的人,在某些程度上,他本身就是一场闹剧。

如果你带着只有自己会欣赏的恶作剧,蛮横地冲入别人的生活,最终结果也将获得别人的"避之不及"。

（5）对别人的依赖性太强

对他人不能太过依赖，超过了一定限度而自己又不能及时意识到，人们就会远离你去结交新的伙伴。

（6）对别人要求太多

人都喜欢自我欣赏，不愿意让别人来指挥自己。

如果你要求别人的观点、情绪和感情都要符合自己的内心，那么，你就会逐渐失去你在他们心中的位置。

（7）苛刻

时时刻刻都在挑错的人，朋友们只能和你渐行渐远。

（8）没有幽默感

缺乏幽默感的人简直就是没有乐趣的人，自然很难得到别人的喜欢。

总之，不被人喜爱的原因是非常多的，只要你能很好地控制自己的情绪，就用不着担心。多为他人着想，自己和他人的友谊自然而然也就建立起来了。

5. 聒噪不如沉默，息谤止于无言

人的一生中难免会遭遇别人的误解，和受到他人不公正的批评甚至辱骂，这时就要记住：不要因对方一句不公正的批评或难听的辱骂丢掉了自己的理智，而是应该冷静下来，用沉默化解难堪！

卢先生受到一位同事的辱骂，心中非常气愤。在回家的路上，他装着满肚子的火气，满脑子想着如何"回报"这位辱骂者。

无意之间他走进路边的玩具店，看见两个小学生驻足在一个存钱用的瓷人身边，他们随意地批评瓷人的丑陋，而坐在货架上的瓷人，乐呵呵地张着嘴，对这些指责无动于衷。

卢先生顿时觉得自己滑稽可笑，如果自己连一个存钱用的瓷人都比不上，算什么男子汉大丈夫！这么一想，他满肚子的火气一下子就烟消云散了。之后他掏钱买了这个笑口常开的瓷人，用来时刻提醒自己要沉着冷静。

一个人把宝贵的精力与时间放在生闲气上是很不值得的。对于外界的批评与辱骂，也许我们还达不到"爱敌人"的修养程度，但我们至少应该懂得爱惜自己，别让他人来影响你的积极情绪和健康心态。

有关调查表明，长期积怨不但会使自己面孔僵硬、多皱，还会引起精神过度紧张和心脏疾病。这验证了德国哲学家康德所说的一句话："生气是拿别人的错误惩罚自己。"

20世纪三四十年代，一直讷于言而敏于行的巴金先生，遭受了无聊小报、社会小人的谣言攻击。对此巴金先生摆明了自己的立场，他说："我唯一能做的，就是不理！"

> 我受了十余年的骂，从来不怨恨骂我的人。有时他们骂得不中肯，我反替他们着急……

> ……有时他们骂得太过火，我倒害怕他们反损了自己的人格。如果骂我能使骂者受益，便是我间接于他有恩了，我自然很情愿。

精通哲学、文学和历史学的胡适先生曾在致杨杏佛的信中写道："我受了十余年的骂，从来不怨恨骂我的人。有时他们骂得不中肯，我反替他们着急；有时他们骂得太过火，我倒害怕他们反损了自己的人格。如果骂我能使骂者受益，便是我间接于他有恩了，我自然很情愿。"

巴金、胡适面对他人的辱骂所表现出来的平静、幽默、宽容，是摆脱困境的一种好办法，从这也足以看出一个人的睿智。

无论面对多么卑鄙、恶毒、残酷的批评或辱骂，你千万不要变得像对方一样失去理智。这时获胜的唯一战术，就是保持冷静，不和对方发生正面冲突。

有人受了委屈，或受到了误解，总想立即就解释清楚，幻想通过解释来化解矛盾，洗刷自己的冤屈。有时这样起不到任何作用，在对方看来你的解释也只是狡辩而已。

退一步讲，在争执中没有占上风的一方，会觉得自己当众出丑了，留给他的也只会是越来越重的怨恨；而占了上风的一方，虽然把对方骂得体无完肤，解了一时之恨，可是又有什么实际意义呢？

相互争吵辱骂，既不会给任何一方带来快乐，也不会给任何一方带来胜利，只会带来更大的烦恼，加深双方的怨恨。所以，当我们自己深陷其中的时候，要学会把自己当成一个旁观者，用冷静的心态来分析局势。

最后记住：聒噪不如沉默，息谤止于无言。

第八章
人面、情面交融：和谐共处

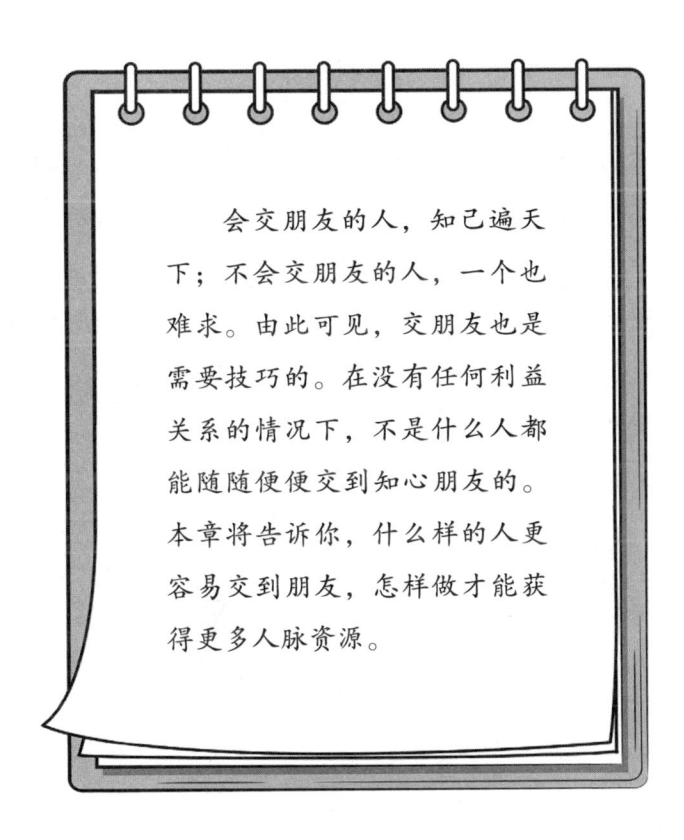

会交朋友的人，知己遍天下；不会交朋友的人，一个也难求。由此可见，交朋友也是需要技巧的。在没有任何利益关系的情况下，不是什么人都能随随便便交到知心朋友的。本章将告诉你，什么样的人更容易交到朋友，怎样做才能获得更多人脉资源。

1. 交友不疑，疑友不交

　　人非草木，孰能无情，人总是容易被感情打动。朋友之间，那份相互的信任如同坚实的桥梁，跨越了误解与猜疑的鸿沟。它不仅是心灵深处的默契，更是风雨同舟时的坚实后盾。在彼此需要时，一个眼神、一句话语，便能感受到那份无须多言的信赖与支持。信任让友情如同陈年佳酿，愈久弥香，即便面对外界的纷扰与挑战，朋友之间也能携手并肩，共同抵御，让这份情谊在岁月的洗礼下愈发显得珍贵而深厚。

　　李世民是我国历史上有名的政治家和军事家。他能体察下情，施恩接纳，因而每一个将领都愿以死相报，真可谓是"滴水之恩"换取了"涌泉相报"。

其中，最为典型的就是尉迟敬德。

尉迟恭，字敬德，是隋唐时期有名的战将之一，为唐朝立下了不可磨灭的功劳。他原为宋金刚的部下，620年，宋金刚兵败逃命，尉迟敬德等人被迫投降了李世民，一同投降的寻相将军及一些旧将在夜间偷偷地逃走了。这样一来，唐营里都指着尉迟敬德窃窃私语。

屈突通、殷开山等人，害怕尉迟敬德逃跑，为唐朝留下后患，就把尉迟敬德捆了起来，然后跑去对李世民说："尉迟敬德骁勇绝伦，日后必为唐之大患，必须及早除之。现我等已乘其不备将其捆起来了，听候发落。"

李世民闻言大惊："尉迟敬德如果要叛变，他怎么可能落后于寻相将军？现在寻相叛而敬德留，足见尉迟敬德毫无叛志呀！"说完，赶忙走到尉迟敬德面前，亲手为其解开了绳索，并拿出一箱金子相赐，说："如果将军不愿意留在这里，这箱金子可作为路费，略表我的心意。当然，我是不会强留不愿与我交朋友的人。"

尉迟敬德听李世民如此一说，声泪俱下，立刻下拜道："大王如此相

待，敬德非木石，岂不知感，誓为大王效死，厚赠实不敢受。"李世民忙扶起他说："将军果肯屈留，金不妨受。"尉迟敬德继续推辞，李世民便说："我先为将军留下，作为以后有功时的赏赐吧。"

> 大王如此相待，敬德非木石，岂不知感，誓为大王效死，厚赠实不敢受。

第二天，李世民带了五百骑兵巡视战场，突然遭到敌方骑兵的包围追杀。紧急关头，一员猛将飞驰而至，冲开层层包围，把李世民从刀枪丛林中救了出来。

此人正是众人皆疑，独李世民信任的尉迟敬德。李世民回营后对敬德说："众将疑公必叛，我谓公无他意。相报竟这般快速吗？"他再把昨夜那箱金子相赐，尉迟敬德这才收下。尉迟敬德感激李世民的信任，对李世民更加忠诚，决心以死来报答李世民的知遇之恩。

在古代中国，有一位智者名叫苏轼，他不仅诗文传世，更以高洁的品行和深邃的交友之道为人称道。相传，苏轼在仕途坎坷之际，结识了好友佛印禅师。两人虽身份迥异，一为文人墨客，一为禅林高僧，却因共同的志趣与相互的信任结下了不解之缘。

苏轼深信"交友不疑，疑友不交"的原则，对佛印禅师始终坦诚相待，从不因外界流言蜚语而心生猜忌。一次，苏轼因文字狱被贬至偏远之地，许多昔日友人纷纷避之不及，唯佛印禅师不惧路途遥远，亲赴所贬之地探望，并赠予苏轼许多开解心结的禅理，助他渡过难关。苏轼感念这份深情厚谊，更加坚信交友之道在于心交，而非利来利往。

这段历史佳话，不仅展现了苏轼宽广的胸襟与高尚的情操，也深刻诠释了"交友不疑，疑友不交"的真谛。它告诉我们，真正的友谊是建立在相互信任与理解的基础之上的，唯有如此，方能经受住时间的考验，历久弥新。

2. 可自信，但不能自负

对于某些人来说，最大的毛病就是自命清高、不合群、难与人相处。在人生的广阔舞台上，自信如同璀璨的灯塔，引领我们穿越风浪，照亮前行的道路。然而，自信并非盲目自大，更非无根之木。我们可以怀揣着坚定的信念，步履坚定地迈向目标，但切记，真正的智者懂得分寸，他们明白可以自信满满地面对挑战，却绝不能陷入自负的泥潭，因为自负只会遮蔽双眼，让前行的脚步变得踉跄而危险。

人总是以自我作为判定和衡量是非、优劣的基础。一切由我出发，一切以我为准，这无疑是最自然、最方便的。在正常情况下，这是自信心的表现，在非正常情况下，就很容易变成不恰当的自我评估。

自视过高，大多出于心理原因，其动力就是虚荣心和护短。有人说虚荣是落后的根源，并非没有道理的，正是虚荣心在作怪，人才往往欺骗自己，干出睁着眼睛说瞎话的傻事。不管是自觉的自视过高，还是未被察觉的不自觉的自视过高，都属于自己未能真正了解自己的范畴。

人生长路漫漫，自信如同璀璨星辰，照亮我们前行的道路，赋予我们面对挑战的勇气与决心。它使我们相信自己拥有克服困难、达成目标的能力。然而，自信的光芒需有谦逊之心为伴，以免演变为自负的阴霾。我们可以自信，因为它能激发潜能，推动我们不断超越自我；但绝不能自负，因为自负如同盲目之光，遮蔽了审视自我的明镜，让人在自我膨胀中迷失方向。保持谦逊，让自信成为助力而非阻力，方能行稳致远，成就非凡。

看过《三国演义》和听过京剧《失街亭》《斩马谡》的人，想必都熟悉马谡这个志大才疏、自命清高，最终祸及自身的人吧。

马谡幼负盛名，一直骄傲自满，不可一世。刘备早就看出了这一点，所以在白帝城向诸葛亮托孤之时，就曾提出："马谡言过其实，不可大用。"可是诸葛亮却没有看透这位夸夸其谈的纸上军事家，就在与劲敌司马懿交兵时，派他去负责军事要地街亭的指挥工作。

诸葛亮在马谡出兵之前，指派"老成持重"的王平当马谡的助手，而且一再嘱咐他："街亭虽小，干系甚重。"并且请他安排就绪之后，立刻画一张地理图来，但马谡自恃才高，始到街亭，就决定在山顶扎营，把诸葛亮的嘱咐丢到脑后了。

王平提醒马谡不要忘记丞相的指示，按照街亭的情况来看，若扎营于山顶，实是死地。因为如果一旦魏军切断了他们汲水之道，大家成了"涸辙之鲋"，那就"不战自乱"了。但马谡板起面孔，摆出一副不耐烦的面孔，训斥王平："你懂什么？"

结果，魏军一到，果然切断水路，围困马谡，马谡失去水源，后来又失去街亭，最后被诸葛亮斩首。这就是自负的后果。

3. 失面子是小，失人脉是大

道歉俗称认错。道歉一指按约定的方式去做事，因特殊情况失约而事后必须要做说明的话；二指对方当时未弄清情况造成误会，事后需要做解释的话；三是指做事时因失误或犯错而造成损失，事后需要向对方认错或补过时所说的话。道歉是消除友谊隔阂的"定心丸"，说得越及时越好。如果人们及时道歉，可以大事化小，小事化无。如果道歉的话因难以启齿而说不出口，"捂"出来的后果就有可能像把热毒捂成痈疽那样危险。

因此，要学会艺术地道歉，至少要掌握如下几个要点：

（1）如果你认识到了自己的不对，你就应该立刻去道歉

当然，选择对方心情愉快、时间空闲的时候，道歉效果是会好一点儿的。但比如说，你今天犯错了，隔了几天才认错道歉的话，也未免太不应该了。因为，

等到事情过后你再去道歉,人们往往会怀疑你的真诚度。

(2)认错道歉要堂堂正正

认错本身就是真挚和诚恳的表示,是值得尊敬的事情,你大可不必为此一蹶不振。认错态度要诚恳,要坦率。当你有某件事想要取得对方的谅解时,态度是很重要的。你应该坦率地向他说出这件事中你的缺点、错误,并表示改正,这才能证明你希望获得谅解的决心。

例如小王和小赵是在异地出差后乘同一列车回来的,因是并列座位就攀谈上了,一攀谈就相识了,一相识就有相见恨晚的感觉。于是分手时小王向小赵提出邀请,小赵也欣然答应,并且还相互留下了电话号码和住址。

可到约定之时小王因特殊情况失约了。事后,尽管在电话上能说清失约的原因,但小王还是亲自登门去向小赵说明原委,这使得小赵非常感动。尽管如此,小王还是很真诚地向小赵道歉说是自己失约了,以后将一诺千金再不爽约。小赵听了这番话,更了解了小王的为人,以后的事,聪明的读者就可想而知了。

（3）道歉不要拖延时间，要越早越好，要面对对方清晰地表明

若是事过境迁，一是难以启齿表达歉意，二是听者将会无视你的诚意。对自己所干的事勇于承担责任，不推托，不找借口，也不要采取大事化小、小事化了的态度。

向对方道歉时，要倾听对方的诉说，了解他的内心需求，有针对性地道歉。如果将道歉视为息事宁人的手段，而漫不经心、敷衍搪塞，不但起不到相互沟通的作用，反而会失去别人的尊敬，使关系向恶化方向发展。

（4）给对方时间接受你的道歉

你的错误使对方产生不快，对方对你从不满到谅解，需要一个过程。如果你马上请求他的原谅但没有当场被接受，稍后再过去表达你的歉意和不安亦可。如果是熟人之间要致歉，也可以相互回顾当时的情况，仔细分析发生不快的背景、起因和当时的处境，使对方分清什么可以原谅，什么不可以宽容。经过冷静的分析，可以更好地增进双方的友谊，弥补已经造成的裂痕和过失。

4. 以诚待人，才能被诚待之

怎样才能使自己深受别人的喜爱呢？为了要得到他人喜爱，我们应朝着哪个方向努力？

常常有人主张，想成为一个备受欢迎的人物，必须以诚待人，或是关心别人。但是，放眼周围，我们不难发现，现实社会中充斥着戴假面具的伪善者。这些伪善的人，一旦被人发现其本来面目，就再也无法获得他人的信任。我们需要的是出自内心的真诚关怀。

然而，关怀必须适度，过度的关怀，也会让人心生厌烦。

换言之，虽然诚实、正直、亲切皆为得人喜欢的基本要素，但是只有这些是远远不够的。因此，我们必须深切地思考更确实、更具体的得人喜爱的方法。只有在具体的实践中，才能获得别人的喜爱。

只要你培养出好风度，学习尊重别人，大家自然会喜欢跟你聊天，觉得你是天下第一等的好人。那么如何为自己建立一个魅力四射的形象呢？

① 待人诚恳，遇到愉快的事情，不妨笑一下，心中有疑难，不妨说出来与好朋友分享，客观听取对方的意见。

② 就算自己的薪水不高，也要学习做个慷慨的人。宁愿省俭一点儿，也不可跟人家斤斤计较，尤其是当朋友身困危境时，你要尽自己所能帮助对方。

③ 人不可自以为是，目空一切，但更不可丧失尊严与自信。你要避免骄傲的言行，更要避免自怨自艾，未战先投降等愚行。

④ 能够保持心境开朗，脸上时常挂着微笑的人，不管在任何场合里，都是最受欢迎的人物。

⑤ 一个时常改变主意，生活毫无规律而情绪化的人，试问怎样与人家融洽相处？你要避免犯自我放纵的毛病，现在就寻找生活的目标，培养正

确的人生观,做一个有原则且重情重义的人。你会发现处处都向你伸出友谊之手。

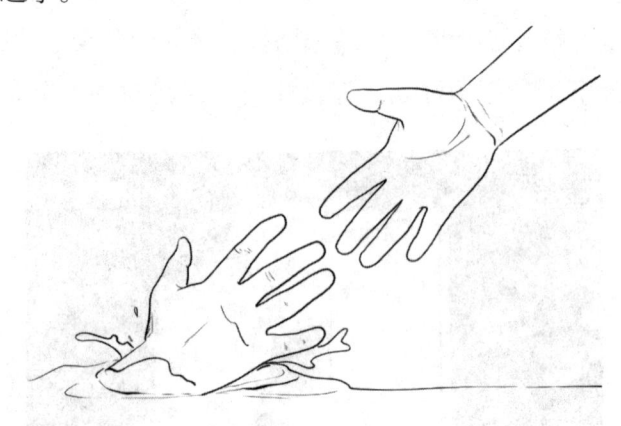

学习尊重他人乃自重的根本,可惜一般人都不太重视这一点,结果弄巧成拙。

一个能够对一切新奇事情都感兴趣,拥有一颗活泼的心灵,不墨守成规,虚心接受他人意见的人,会散发一种诱人的馨香。

第九章
人面、场面互动：游刃有余

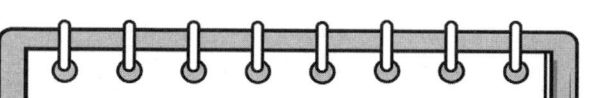

在追求卓越的路上，那些真正脱颖而出的人，往往以一双敏锐而细腻的眼睛，擅长捕捉并关注每一个细微之处。他们深知，细节决定成败，细节不仅是成功的基石，更是品质的彰显。对细节的极致追求，不仅让他们的工作更加精准高效，更在无形中塑造了一种严谨而富有魅力的个人风格，引领周围人一同向更加卓越的境界迈进。

1. 学会放下身段

你在遭遇一些困境时,难免需要求人帮忙,不要放不下自己的架子,风水毕竟轮流转,该屈就屈,能屈能伸,屈中见伸方为英雄。

不管你不如意的程度如何,只要你觉得自己很沮丧、消极、痛苦,甚至到了要毁灭的地步了,那么,试着委曲求全吧,过刚易折,人生难免要受点儿委屈的。

人的一生当中绝对会有不如意的时候,例如生意失败、失恋、人事竞争落败、工作不顺、家道中落等。依个人承受程度的高低,这些不如意对个人形成的压力与打击也会不同。有人身陷困境无动于衷,认为这是人生中必然的经历;有人则可以很快就挣脱出来,重新起航；但有些人只要被轻轻一击就倒地不起。

在人生的低谷中，不要去计较面子、身份、地位，也不要急着出头，虽然这种日子很容易让人沉不住气，但你只要沉下气来，就会有希望和机会。

如果你顽强地挺过来了，必然会收获一些意外的惊喜：重新出头的那一天，你会得到更多人的尊敬。人虽然屈服于强者之下，但打不死的强者却有更强的号召力和感染力。

有过那般生活经验的人，便不怕他日逆境再来，而且会更具胆魄与见识，能屈能伸，对不如意的事更能悠然处之，因为更艰难的日子都过来了，还会被什么事难倒呢？

有一位大学生，在校时成绩很好，各种表现也非常出色，大家对他的期望普遍很高，认为他日后必将有一番了不起的成就。大学毕业后，他果真取得了成就，但不是在政府机关或在大公司里有了作为，而是卖蚵仔面线卖出了名。

原来他在毕业后不久，得知家乡附近的夜市有一个摊子要转让，他那时还没找到工作，对烹饪很有兴趣，就向家人借钱，把摊子买了下来，自己当起了老板，卖起蚵仔面线来。

他的大学生身份曾为他招来很多不解的目光，但也确实为他招揽了不少生意。他自己也从未对自己学非所用产生过不平衡。

现在呢，他依旧在卖蚵仔面线，也兼具搞投资，钱赚得比同龄人不知多了多少倍。

"要放下身段。"这是他的口头禅和座右铭，"放下身段，路会越走越宽。"

这个大学生如果不去卖蚵仔面线或许也会很有成就，但无论如何，他能放下大学生的身段，这种勇气还是很令人佩服的。我们不必学他非得去卖蚵仔面线，但要在必要的时候，学会他的勇气。

人的身段是一种自我认同，它并不是什么不好的事，但这种"自我认同"产生的"自我限制"就不怎么好了。也就是说，它容易限制个人行动——因为我是这种人，所以我不能去做这种事。

自我认同感越强的人，自我限制也越厉害。就像千金小姐不愿意和乞丐同桌吃饭；博士不愿意当基层业务员；高级主管不愿意主动找下级职员交流心得；知识分子不愿意去做苦力工作；等等。他们都有一个相同的看法：如果那样做，就有损自己的身份。

这种身段感只会让自己的路越走越窄，并不是说有身段意识的人就不会拥有成功的人生。但是，在非常时刻，如果你还放不下身段，就只会让自己无路可走。博士如果找不到工作，又不愿意当业务员，那没办法，只有挨饿了。这时博士如果能放下身段，路就会越走越宽。

如果想在社会上走出一条自己的路来，就要放下身段，也就是说要放下你的学历，放下你的家庭背景，放下你的身份，把自己当作普通人；同时，还要不在乎别人的眼光和看法，做自己认为值得做的事，走自己认为值得走的路。

放下身段会让你在竞争中多几个优势。

第一，能放下身段的人，他的思考必然富有高度的弹性，能吸收各种信息，形成自己庞大而多样的资讯库，这就是最大的本钱。

第二，能放下身段的人会比别人早一步抓住机会，也能比别人抓到更多、更好的机会。

2. 看人办事，事更顺

如果你要想和对方办事顺利，必须深入了解交际对象，了解对方的性格、身份、地位、兴趣，然后如果投其所好，避其所忌，这样办起事来才能进退自如，成功有望。做不到这一点，很容易把本该办成的事办砸。

（1）不能忽视对方的身份地位

无论在哪个国家、什么时代，人们的地位等级观念都是很强的。对方的身份、地位不同，你说话的语气、方式和办事的方法也应有异。如果不明白这一点，对什么人都是一视同仁，则可能会被对方视为没大没小，是不尊重的表现。

聪明人都是懂得看对方的身份、地位来办事的，这也是自己办事能力与个人修养的体现，平常我们所说的"某某人会来事"，很大程度上就体现在"见什么人说什么话"的才智上。这样的人不只当领导的器重他，和他做同事的也不讨厌他，这样，他办起事来就比较容易。

（2）看准对方的性格，投其所好

人各有其情，各有其性。有的人喜欢听奉承话，多说两句好话，他就会使出浑身力气帮你办事；有的人则不然，你一给他戴"高帽"，反而引起了他敏感、警惕，认为你是不怀好意的。与人办事，一定要弄清这个人的性格，依据他的性格投其所好，这样才会对办事有好处。

对方的性格，是我们与其办事的最佳突破口。投其所好，便可与其产生共鸣，拉近距离；投其所恶，便可激怒他，使其所行按我们的意愿进行。无论跟什么样的人办事，我们都应先摸透他的性格，依据其性格"对症下药"，就很容易"药到病除"，办事成功。

在某个风和日丽的午后，菲德尔费电气公司的韦普先生，怀着满腔的热情，来到了一幢外观华丽且布置得井井有条的农舍前。他深吸了一口气，准备敲门。然而，当他轻轻叩响门扉时，开门的是一位老太太，她只将门开了一道细小的缝隙。

在得知韦普是电气公司的推销员后，老太太的眉头紧蹙，迅速地将门关上。韦普并未气馁，他再次敲门，这次敲得更久，门再次被不情愿地打开。但还未等韦普开口，老太太就怒气冲冲地开始斥责他。

韦普并没有因此而退缩，他深知每一个机会都来之不易。于是，他进行了一番细致的调查，准备再次登门。当门再次开出一道缝时，韦普迅速调整了自己的策略，他微笑着说："太太，非常抱歉打扰了您。我并不是为电气公司而来，只是想买些您家养的鸡蛋。"

听到这句话，老太太的态度明显缓和了许多，门也开得更大了。韦普见状，继续赞美道："您家的鸡真是养得极好，看那羽毛多么亮丽，一定是名贵的品种吧？能不能卖我一些鸡蛋呢？"

老太太听后，更加高兴了，她热情地邀请韦普参观她的鸡舍。在参观过程中，韦普不时地发出由衷的赞美，让老太太备感愉悦。他还巧妙地发现了老太太家中的奶酪设备，猜测男主人可能是养乳牛的。于是，他顺势说："我敢打赌，您养鸡的收入一定比您先生养乳牛的收入还高。"

这句话让老太太喜笑颜开，因为她的丈夫一直不承认这个事实。而韦普的赞美和肯定，让老太太感到无比欣慰。她热情地带着韦普参观了整个鸡舍，并毫无保留地分享了自己的养鸡经验。

在愉快的交谈中，老太太也向韦普询问了用电的好处。韦普趁机向她详细介绍了电气设备在养鸡方面的应用，并耐心地解答了她的疑问。最终，老太太决定申请用电，并在两周后向菲德尔费电气公司提交了申请。

韦普的这次成功拜访，不仅让他赢得了老太太的信任和友谊，还为公司带来了更多的潜在客户。而老太太从此也成了韦普先生的热心帮手，为公司的业务拓展贡献了自己的力量。

（3）观其行，知其心

通过对方无意中显示出来的态度、姿态，了解他的心理，有时能捕捉到比语言表露得更真实、更微妙的内心想法。金牌推销员在星期天做家庭访问，必定会注意受访夫妇跷腿的顺序。如果是妻子先换脚，然后丈夫跟着换，可以认为是妻子比较有权力，推销员只要针对妻子进行进攻，90%可以成功；若情形相反，就需要针对丈夫进攻了。

办事之前，通过察言观色把握住对方的心理，理解他的微妙变化，有助于我们把握事态的进展。

3. 设法影响别人的决定

千万不要以为你能独自控制你在工作上发生的一切。不，你不能够。从某种意义上说，你的命运是由别人决定的。你可以改变的，是设法影响别人的决定。

每一种职业都有它重要的接触点——人。他们能推你向前，也能拉你后退。他们能使你成功，也能使你失败。

你的上级、你值得信赖的朋友、你重要的客户、你出色的下级、你的信息来源……他们都是你的重要接触点。值得注意的是，如已经建立了重要的接触点，却忽视了彼此的关系，或者说忽视了与他们保持不断的、直接的和亲密的联系。这就代表着，你误认为你一旦点燃了火种，便可以不必再添柴了，这是错误的。

在事业方面，有两种重要的接触点：一种是保持现状的接触点——指可以帮助你保持现在的良好状况，而不失去力量或优势的那些人；另一种是改进情势的接触点——指那些能帮助你进一步发展的接触点。

观点

例如，对一位厂长或经理而言，保持现状的接触点——上级组织或领导；改进情势的接触点——横向联系的其他单位的领导；对销售员而言，保持现状的接触点——一位忠实的客户；改进情势的接触点——经努力争取了很长时间的新客户。

你的重要接触点，不管看起来如何牢固，却不必期望长久保持。只有极少数的重要接触点，可以长久保持。你今天依赖的人，也许明天就不存在了。也许是他们的情况变化了，也许是你的情况变化了，也许是你们彼此间的关系改变了。

衡量一种关系的好坏，其方法之一，就是看维持这种关系需要多少妥协。凡是人际关系的维持，都不免需要几分妥协。其中需要最少妥协的关系，就是最好的关系。你得盘算一下，为了保持某一重要接触点，你愿付出多大的代价。如果需要太多的妥协，或太大的代价，那还不如另觅他途！

因此，我们需要一套直接的、亲自的和持续的接触准则。

（1）直接的接触

是指不用任何中间人的接触。在事业上，有些事情你可以授权他人，但有些事你就不能授权。与你的重要接触点保持联系，正是你不能授权他人的一项。亲自去接触吧！

（2）亲自的接触

是指手握手的接触，面对面的接触，眼对眼的接触。只要是适当，即使亲密无间亦无不可。写信固然不错，打电话也未尝不可，但面对面则更佳。

（3）持续的接触

是指稳定的、持久的、不终止的接触。与持续的接触相对的，是偶尔为之的接触。

请你记住：忽略了你的重要接触点，实际上就等于浪费你的金钱，也等于浪费你的时间。

4. 言外之意更要读懂

实际上，人有时候心口不一，不想做的事情，人们有时候也会答应下来。由此看来，察言是很有学问的技巧。人内心的思想，有时会不知不觉在口头上流露出来，因此，与别人交谈时，只要我们留心，就可以从谈话中深知别人的内心世界。这一点，在职场中的人更应该注意，并最好尽快掌握这门学问。

（1）由话题知心理

人们常常将情绪从一个话题里不自觉地呈现出来。话题的种类是形形色色的，如果要明白对方的性格、气质、想法，最容易着手的步骤，就是要观察话题与说话者本身的相关状况，从这里能获得很多的信息。

（2）措辞的习惯流露出"秘密"

语言表明出身，语言除了社会的、阶层的或地理上的差别外，还有因个人的水平而出现差别的心理性的措辞。使用第一人称或单数的人，独立性和自主性强，常用复数的人多见于缺乏个性，埋没于集体中，随声附和型的人。

（3）说话方式才能透露真实想法

通常，一个人的感情或意见，都在说话方式里表现得清清楚楚，只要仔细揣摩，即使是弦外之音也能从说话的帘幕下逐渐透露出来。

① 说话快慢是戳破深层心理的关键

如果对于某人心怀不满，或者持有敌意态度时，许多人的说话速度都变快，而且语调会提升。如果有愧于心或者说谎时，说话的速度会变得迟缓，以缓解内心潜在的不安。

② 从音调的抑扬顿挫中看破对方心理

当两个人意见相左时,一个人提高说话的音调,即表示他想压倒对方。

对于那种心怀企图的人,他说话时就一定会有意地抑扬顿挫,制造一种与众不同的感觉,有一种吸引别人注意力的欲望,自我显示欲就隐隐约约地透露出来了。

③ 用读心方式看破对方心理

如果一个人很认真地倾听,他大致会正襟危坐,视线也一直盯着对方。反之,他的视线必然会散乱,身体也可能在倾斜或乱动,这是他心情厌烦的表现。

有些人仔细倾听对方的每一句话,等到讲述者快说完时,会透露自己的心声,由此看来,这位倾听者完全依靠坚强的耐心,再配合一股好奇心,才能最终突破讲话者的秘密。

如果你想了解某人某方面的消息,你可以和他从一个平常的话题切入,然后认真倾听、提问、倾听……一步步达到自己的目的,对方在高兴之余,还会认为你是一个很好的倾听者,乐意与你分享。

第十章
面面俱到，成就非凡

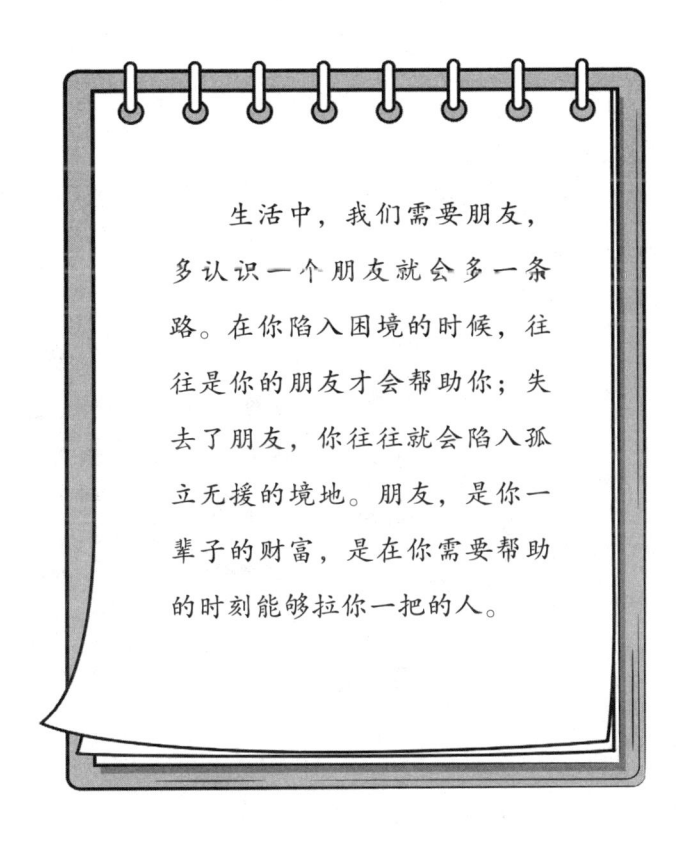

生活中，我们需要朋友，多认识一个朋友就会多一条路。在你陷入困境的时候，往往是你的朋友才会帮助你；失去了朋友，你往往就会陷入孤立无援的境地。朋友，是你一辈子的财富，是在你需要帮助的时刻能够拉你一把的人。

1. 你的善举是你人脉的根基

生活中，我们需要朋友。多认识一个朋友就会多一条路，在你陷入困境的时候，往往是你的朋友帮助你；失去了朋友，你往往会陷入孤立无援的境地。朋友，是你一辈子的财富，是在你需要帮助的时刻能够拉你一把的人。

朋友，在某些程度上往往反映的就是你自己。

有一个关于维克多连锁商店的故事。

维克多从父亲的手中继承了一家商店，这是一家具有悠久历史的食品店，在很久以前就已经非常有名气了。维克多希望它在自己的手中能够得到更好的发展。

第十章 | 面面俱到，成就非凡 |

有一天傍晚，维克多在整理店面，第二天他计划和妻子一起出去休假。他打算提前关门，以便为第二天的度假做准备。突然，他看到店门外站着一个看起来年龄不是很大的人，面容枯槁、衣服破旧、双眼深陷，是一个非常典型的流浪者。

维克多是个非常善良的人。他犹豫了一下走了出去，对那个年轻人讲："年轻人，我能帮你做什么吗？"

年轻人略带羞涩地问道："这儿是维克多食品店吗？"他说话的口音带着非常重的墨西哥味。"是的。"

[对话气泡] 这儿是维克多食品店吗?

[对话气泡] 是的。

年轻人显得更加腼腆了,他低着头,用非常细小的声音说道:"我是从墨西哥来寻找工作的,可是一连两个多月了,我还是没能找到一份适合我自己的工作。我父亲过去也来过美国,他告诉我他来过你的店里,并且当时在你的店里买过东西,看,就是这顶帽子。"

维克多看见年轻人的头上果然戴着一顶非常破旧的帽子,那个已经被污渍弄得几乎认不出的"V"字形符号正是他店里的标志。"我现在没有回家的钱了,也很长时间没有吃过一顿饱餐了。我想……"年轻人继续说道。

维克多明白了,眼前站着的人是很久以前一个顾客的儿子,然而,他觉得应该帮助这个年轻人,在他还力所能及的时候。所以,他邀请小伙子进入店内,非常周到地款待了他,并且还给了他一笔路费,让他回家。

过了很长一段时间,维克多的食品店做得越来越大,在美国已经开了不少分店,他打算向海外拓展,但是因为他在海外缺乏根基,要想从头开始也是非常困难的,为此维克多一直非常犹豫。恰巧在这时,他忽然收到从墨西哥邮来的一封陌生人的信,原来正是许多年前他曾经救助过的年轻人写的。

此时那个年轻人已经成了墨西哥一家大公司的董事长,他在信中邀请维克多去墨西哥和他共同发展事业。这对于维克多来说真是意外的惊喜,有了那位年轻人的相助,维克多很快在墨西哥开了他的连锁分店,并且发展得非常迅速。

我们在日常的生活、工作和学习中,在不经意间帮助了别人,别人有可能就会心怀感激。在我们遇到困难的时候,别人也会伸出手来帮助我们。只要我们真诚,发自内心地帮助别人,那么我们的人脉资源就会在潜移默化中逐渐丰富。

2. 亲属之间，往来于情

亲戚之间大部分都有血缘关系，这种特殊的关系决定了彼此之间不同于常人的亲密性，这是我们人脉资源中重要的一个方面。当人们在遭受困难的时候，往往首先想到的是寻求亲人的帮助。常言道："不是一家人，不进一家门。"作为亲戚，当你遇到困难的时候，对方也大都会非常乐意向你伸出援手。

必须值得注意的是，亲戚关系同时又是一种相当复杂的关系，主要表现在亲戚之间存在着非常多的差异，比方说经济的、地位的、地域的、性格的，等等。这些差异既能够成为彼此交往的缘由，也可能成为矛盾滋生的原因。

所以，和其他关系一样，在交往中亲戚关系也具有一定的规律，如果按照这些规律办事，彼此的关系就会变得越来越和睦；反之，违反了这些规律，亲戚之间也是会产生矛盾的。

那么，亲戚之间在相互交往、相互帮助中应注意哪些问题，才能使彼此的关系更加和睦、更牢固呢？

（1）经济往来要清楚，不要弄成一笔双方都不清楚的糊涂账

在寻求帮助的过程中，为了某些经济利益问题而和别人发生争执，在亲戚之间是非常常见的。有时是为了应急，有时是提供帮助，有的就是免费赠送……像类似的财务往来是很常见的，这也体现了亲戚之间的特殊关系，用这种方式来表达自己的心意和特殊感情。

对于那些需要在适当时间归还的钱物，同样是不能马虎的。每个人都有各自的利益，一般情况下应把感情与财物区分开来，不能混在一起。只要不是对方公开说明赠送的，所借的钱物都要及时归还。亲戚之间的钱物往来，既可能成为维持感情的因素，也可能成为引发矛盾的根本，就看你如何看待了。

（2）不要让人勉强接受

亲戚之间虽有辈分的差异，但是，也应当互相尊重，用平等的心来对待彼此。特别是当彼此之间存在着地位、职务的差异的情况下，更应当如此。

古语说得好："穷在闹市无人问，富在深山有远亲。"意思就是，当一个人贫穷的时候，即使他身处繁华的闹市，也没有人会关心他；而当一个人富有的时候，即使他住在偏远的深山里，也会有远亲来拜访。这句话深刻地揭示了社会上存在的势利现象，即人们往往根据一个人的经济状况来决定是否与之交往。

在地位具有差异的亲戚之间，最大的矛盾出现在求与被求之间，是在不能帮助到对方的情况下发生的。所以，如果碰到这些问题，一方应注意最大限度满足对方的需要，另一方也应该考虑到对方的

难处，尽量不要让人家为难，即使因为某些原因不能达到自己的目的，也应表示理解，不能斤斤计较。

（3）切忌一厢情愿，太过自由

亲戚之间的关系有远近之分，在密切程度上也会有一定的差别，所以，在相处中要注意把握自己的分寸。

过去，我们可能会在亲戚家住上一段的时间，现在就有诸多不便。大家都有各自的工作，都有自己的爱好和生活习惯，住宿时间太长的话，很多矛盾就会自然而然地暴露出来，所以就要自己把握好分寸。

3. 同窗是很珍贵的人脉资源

谁没有几位同窗好友？说不定你的一言一行还深深印在他们的记忆中。千万不要浪费这么珍贵的人脉资源，如果你想要改变自己的处境，那就从现在开始，尽自己最大的努力去开发、建设和使用这种人脉。

《沁园春·长沙》中说："恰同学少年，风华正茂；书生意气，挥斥方遒。"

同窗之间的关系是非常纯洁的，有非常大的可能发展为更为长久、牢固的友谊。因为同处学生时代，人们年纪都不是很大，每个人都很单纯，相互之间都比较热情，对人生、对未来都充满幻想，而年少时的理想往往是同学们追求的同一个目标。

曾几何时，几个人围在一起争执不休，每个人的内心世界都毫无保留地暴露在别人面前。同时，同学之间相处的时间很长，彼此对对方的性格、脾气、爱好、兴趣等能够具有非常深入的了解。所以，在同学中最容易找到志趣相投的朋友。

现在，具体来讲讲在同学中如何寻找和建立朋友关系的做法，可以通过下面两种方法来尝试。

其一，虽然彼此从事的行业和领域不同，但都可以把目光放在当前的状况上。即使对方在求学时期与你关系平淡亦无妨，你可以主动寻找与其交往的机会。

其二，在运用上一种方法的时候，同时也可采用另一种方法，来扩大自己交往的范围。这个方法是翻找同学录，确定曾经同窗好友工作的行业，以此为基础加以取舍，有选择地进行交往。

如果你在学生时期不是很引人注意的话，想必交往的范围也非常有限。哪怕是这样，也没有必要消沉。因为，每个人在接触社会之后，所接受的历练都是不相同的，绝大多数人都会拥有新的感悟，而变得相当重视人脉资源的作用。

因此即便是与完全陌生的人来往，人们通常也能友好相处，再加上曾经拥有的同学基础，你可以完全重新建立自己的人脉资源。换言之，要冲破学生时期的自己，要以现在的身份和别人交往。

此外，不论本身所从事的行业领域怎么样，应与最容易接近的同学（初中、高中、大学等）建立关系。然后，从这里扩大自己的人脉资源。不妨多利用同学身边存在的人脉资源，来为自己的成功找到铺垫。

同窗之间的关系，是人生中最亲近的关系之一，也是你人生中最为关键的人脉关系之一。如果能够好好运用，往往能够起到意想不到的作用。

4. 人气即财气，和气即财气

人气可解释为你在人际交往过程中受欢迎的程度，也从侧面反映出你的人缘的品质和数量。它具有能够帮助你成功的能量，并且也具有毁掉你成功的能量。在中国的文化思想中，非常重视人气在事物发展中的功效。

如何处理人际关系已经越来越成为众多企业管理者关注的问题。营造良好的人脉关系，已成为事业成功的一个不可缺少的关键要素。

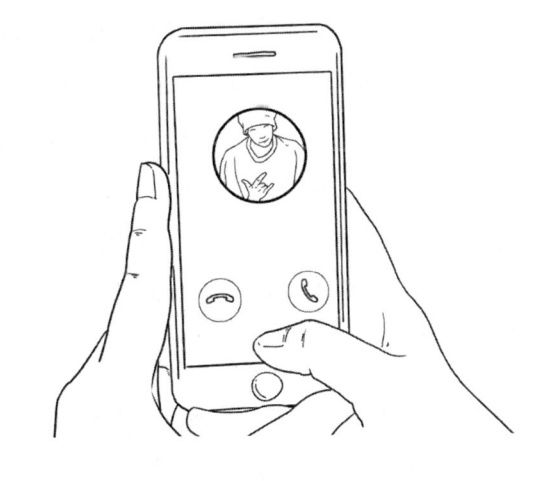

现代创富观念是：善借人气，点旺财气。人们都具有这样的心理，名人生活的环境是令人向往的地方，与名人产生关联必定是最好的。从这种心理出发，人们便会一起追逐、效仿名人，因此与名人有关的东西顺理成章地成为时下抢手的东西。

左思，这位西晋时代的璀璨文星，其家族以儒学为传世之宝。他童年时并未显露出特别的才华，尝试过书法与琴艺，但均未有所成。他的外貌平凡，身材矮小，言辞亦不擅长，甚至他的父亲都对他评价道："左思，你与我年幼时相比，真是相去甚远。"这句话深深刺痛了左思的心，于是他立志要发愤图强，从此闭门苦读，不再嬉戏于外。

随着时间的推移，左思的文才如日中天。他的文章辞藻华美，他曾倾尽一年心血，创作出《齐都赋》。然而，他的雄心并未止步，他渴望完成一篇更为宏大的作品——《三都赋》。恰逢此时，他们全家迁居至繁华的都城洛阳，左思借此机会拜访了当时的著作郎张载，向他请教。他四处搜集资料，精心构思，将全部的心血都倾注于《三都赋》的创作之中。

那段时间，他的家中堆满了书籍与资料，走廊、庭院，甚至茅房都摆满了笔和纸。每当他脑海中闪现出一个绝妙的句子，他都会立即记录下来。经过十年的磨砺，左思终于完成了他的杰作——《三都赋》。

左思将这篇心血之作呈给在当时有很高声誉的学者皇甫谧。皇甫谧读后更是赞不绝口，亲自为《三都赋》撰写了序言。这部作品迅速在洛阳城中传开，人人争相阅读，赞不绝口。人们纷纷传抄，以至于洛阳的纸张供应紧张，价格飙升。后世人们将这一现象归纳为成语"洛阳纸贵"，以此来纪念左思和他的不朽之作。

世界上有很多产品都是这样，一朝成名天下知。这些产品的功效，在名人还没使用时就已经存在，并非在名人使用之后才提高的，为什么同一产品在这前后身价就大相径庭呢？这是借助了名人的缘故，借名人做了产品的广告、宣传，树立起了形象，提高了产品的地位。

在普通人的脑海中，有这样一个习惯：名人热爱、赞赏的东西，质量、性能也一定过关，没有必要再去怀疑、等待、考验，同时社会上也的确存在一种追随名人的风气。名人中意什么，人们也喜欢什么。名人体验过的东西，不但能够引发人们足够的重视、青睐，而且也有可能在社会上引起购买狂潮。所以借名人来销售，是创造商机的一种非常有用的方法。

在商海中，"和气生财"这一古老而璀璨的箴言，犹如夜空中最亮的星，为无数航行者指引方向，引领他们穿越风浪，抵达成功的彼岸。这不仅仅是一种精妙的商业策略，更是中华民族悠久历史长河中沉淀下来的智慧瑰宝，深深植根于每一个商人的心田。

想象一家古色古香的店铺，门楣上挂着岁月雕琢的招牌，店内弥漫着温馨与和谐的气息。店主以一抹不变的微笑迎接每一位踏入门槛的顾客，无论是熟稔的老友还是初次探访的旅人，都能感受到那份源自心底的真诚与热情。面对顾客的咨询，店主总是耐心细致，即便是面对最挑剔的目光或误解的言辞，也能以一颗平和包容的心，巧妙化解，让顾客在轻松愉悦的氛围中感受到被尊重与重视。

以某家享誉盛名的老字号茶馆为例，它能在竞争激烈的商业丛林中屹立不倒，正是得益于其深谙"和气生财"之道。茶馆内，茶香袅袅，每一次与顾客的交流都如同品茗一般，细腻而悠长。当遇到对茶叶品鉴有不同见解的顾客时，茶馆老板从不急于争辩，而是以一种近乎艺术的方式，耐心引导，娓娓道来茶文化的深厚底蕴与独特魅力，让顾客在享受茶香的同时，也收获了知识与心灵的滋养。

这种以和为贵、顾客至上的经营哲学，不仅赢得了顾客的广泛赞誉与口口相传，更如同磁石一般，吸引着源源不断的客人，让茶馆的财源如同潺潺流水，源源不断，生动而深刻地诠释了"人气即财气"这一古老智慧。